最想知道的鸚鵡心理學

摸透鸚鵡心裡的小祕密，
愛上有淘氣鸚鵡陪伴的小幸福！

細川博昭 ◎著

黃瓊仙 ◎譯

晨星出版

　　鳥類也擁有感情，儘管跟人類的感情方面不盡相同。牠們也有七情六慾，會喜歡某人，也會生氣、期待、嫉妒或不安。對於想做的事或討厭的事會加以表達。其實跟我們人類相似之處還滿多的。

　　我們總是希望飼養的鳥兒能過得幸福。為了讓大家對鳥類有更深入的了解，再加上希望鳥兒幸福的小小心願，目前為止本人出版了好幾本與鳥類有關的書籍，基於這樣的心情，這次再度出版本書。

　　以動物感情為主題，投入研究的學者（心理學學者等）人數有增多的趨勢，從 1990 年代開始，這個領域的研究更是突飛猛進，有許多人投入鳥類大腦或心理等的相關研究報告。筆者也擷取了這些最新情報，為了讓大家知道及了解鸚鵡心理，嘗試將重要資料做了整理。各位若能透過本書而更深入理解鸚鵡心理，讓鸚鵡過著更幸福的生活，實乃一大榮幸。

　　為了不讓各位感到困惑，書中所有的鸚哥、鸚鵡科，本書統一以「鸚鵡」稱之。此外，內文中所舉的範例，主要以玄鳳鸚鵡和虎皮鸚鵡為例進行解說。雖然都是鸚鵡，但是品種不同，個性也會大不相同，如果介紹太多品種，反而會讓讀者搞混，更難以理解，因此筆者將焦點鎖定於陪伴我度過漫長歲月的玄鳳鸚鵡與虎皮鸚鵡。不過，筆者會加注各種重要情報，讓這本書成為了解鸚鵡心理的實用書籍。

　　誠心期盼這本書能讓您更了解鸚鵡心理，讓心愛的鸚鵡過著比現在更幸福的生活。

2011 年 5 月　細川博昭

感情豐富的鸚鵡們

高興時也會全身手舞足蹈

會因不安而撒嬌

窺探牠們的內心世界，
共同建立更深厚的關係！

CONTENTS

第 1 章

一起探究鳥類的世界

鳥類行為有著一定的法則。
鸚鵡當然也是遵循這樣的法則而活。
想了解鸚鵡心理，
首先必須對於這些行為法則瞭若指掌才行。

鳥類基本行為

　　想跟對方成為好朋友，讓對方喜歡上自己，必須努力了解對方，熟悉對方的所有事物。這個原則不僅適用於人際關係，也適用於人類與鳥類的交際關係。

　　人類所認識的各種鳥類，都是遵循共通的行為法則而活。這些已經深深烙印於遺傳基因的「鳥類行為法則」亙古不變，即使跟人類一起生活，行為法則也不會有所改變。這些行為法則對於鳥類獨特的身體構造，發揮補強的作用，也是鳥類「心理模式」的基礎。

　　就從仔細觀察鳥類行為開始了解鸚鵡心理吧！然後，你一定能找到讓愛鳥更加幸福的方法。

鳥類的基本行為與基本心理

　　鳥類的基本行為如下所述。

鳥類基本行為與心理

❶ 身處群體中就會有安全感
❷ 徹底的個人主義者
❸ 膽小（容易感到不安）
❹ 發生事情時會馬上逃跑
❺ 會透過聲音與肢體語言傳達想法
❻ 即使品種相同，也不見得行為模式會相同；飲食習性與身體尺寸相似者，就會擁有相似的行為模式

　　多數鳥類都是群體生活，不過，本質與群居生活的狗或狼並不相同。採取群居生活的狗，一定認識這個團體裡的每位成員，舉人類為例，住在鄉下地方的人都會彼此認識，與鄰居的關係相當親密。然而，鳥類群體成員之間的關係跟「都市人」很像，根本不曉得隔壁住了什麼人。鳥類的個人主義意識強烈，一點都不在意團體中有誰搬離了或死亡了。鳥類的群體生活模

式，跟住戶變動機率高的大樓社區居民極為類似。

　　雖然鳥類對別人漠不關心，但牠跟狗狗一樣不喜歡獨處。當牠發現孤獨一人時，就會感到不安。只要找到同種同伴，就能讓鳥兒消除不安感；如果找不到同種同伴，只要有人類或其他動物在場，多少也能減輕不安感。如果鳥兒一直無法消除不安感或孤獨感，會得心病，這點跟狗狗極為類似。

鳥類基本行為與心理❹ 發生事情時會馬上逃跑

1　當鳥類受到驚嚇，感到害怕時……就算沒有親眼看到，光是聽到有哀嚎聲，就會被嚇到。

2　一旦發生事情會先逃再說，會朝安全的方向逃走。如果這時候剛好被關在鳥籠裡，因為無處可逃就會變得很恐慌。

3　逃跑以後才會回想到底發生什麼事了。有時候會什麼都不想就拼命逃走，很可能會不曉得自己逃到何處。

鳥類是怎樣的生物？

曾經稱霸地球的生物「恐龍」，經過考證是所有鳥類的祖先。因為鳥類繼續存活在地球上，有些研究學者便因此主張恐龍並沒有絕種。

在恐龍絕種前，鳥類便已經開始分化。因為發現近似品種的化石，也有人主張以鴨類或駝鳥等為代表的禽鳥類在中生代末期（白堊紀後期）就已經誕生存在。

關於鳥類的進化史尚有許多不明之處，但是包括麻雀及文鳥在內的雀形目則是最近才分化出的最新鳥類目種，鸚形目可能也是在同一時期分化，進而普及至全世界，這是無庸置疑的。

雀形目與鸚形目是鳥類當中進化程度最高階的物種，其進化程度可與哺乳類中的靈長類相比擬。

鳥類身體特徵

若只以一句話來比喻鳥類身體特徵，「輕巧」是最適當的形容詞。相較於相同尺寸的小家鼠或倉鼠，鳥兒顯得輕盈多了。鳥類為了能在天上飛，所以要徹底輕量演化。世上最輕的鳥重量不及兩個一元硬幣（日圓），其雛鳥只有一顆黃豆的大小。

不過，為了可以自在飛行，在飛翔時必須要高速處理眼睛所接收的情報。腦部與眼睛絕對要輕量化，可是為了提高工作效率，腦部與眼睛的功能反而比可以飛行前更加發達。因此，相較於鳥兒的身軀，頭部明顯大很多。只要與其他動物比較，就能清楚看出鳥類的頭部比例有多麼大。

鳥類有著嬌小玲瓏的身軀，但是頭部很大，眼睛總是閃閃發亮、骨碌碌地轉動，完全符合人類對「可愛」的感覺。

　　包含鸚鵡在內的所有鳥類，平均體溫約為42度。為了活動，必須攝取大量食物。鳥類體重有10％是羽毛重量，血液則佔了其餘重量的10％。鳥類體內之所以需要這麼多的血液，目的之一是為了維持高代謝率的生理機能，另一個原因是為了讓新鮮氧氣與養分能隨時輸送至聰穎的腦部。鳥類的大腦跟擁有高度智慧的人腦一樣，需要氧氣與養分持續的補充。

鸚形目與雀形目是所有鳥類中進化程度最高階的目種。由上而下分別是凱克鸚鵡、玄鳳鸚鵡、虎皮鸚鵡、金絲雀、文鳥、十姊妹。

與狗或貓的比較

　　當你接觸過鸚鵡，會發現除了鳥類特性外，也有某些習性與狗或貓相似。這就是鳥類心理與狗或貓相似的證據。

狗與鸚鵡

　　狗以及包含鸚鵡在內的鳥類皆為群居動物。兩者的群居生活特質之差異，之前已說明過，鳥類在群體同伴之間的距離感明顯比狗疏遠。不過，這也是鳥類為了在群體中生存所必備的社會習性。

　　鳥類會透過叫聲或行為來解讀對方的意圖或情感，透過啼叫聲告訴同伴有無危險敵人或食物存在。如果是同種或近似的品種，更有所謂的「警戒叫聲」存在，就算沒有交談，透過叫聲也能察覺危險。

　　狗會追隨人類視線，牠能從人類在看的東西，察覺到人類的意圖；烏鴉或鸚鵡等鳥類也擁有相似的能力。不過，兩者之間還是有差異性。

狗會因達成人類的希望而感到滿足幸福，牠通常會透過視線讀取人類心思，搶先把事做好。可是，鸚鵡就算透過人類視線表情、行為或察覺到人類的想法，也未必會乖乖聽話行動。鸚鵡會以自己的心情或想法為優先，有時候還會故意跟人類唱反調。

貓與鸚鵡

基本上貓是獨居生活者，本來就不是群體生物，堅持唯我獨尊。可是，因為跟人類一起生活久了，加上其心理還殘留著幼貓的心境，就算長大為成貓，還是會把人類當成雙親撒嬌，並透過這樣的關係學習如何與人類建立良好關係。

對這樣的貓咪而言，牠與飼主的關係為一對一。就算對其他人（人類、貓或其他動物）也是一對一的關係，在貓的認知裡，就是對方與自己的單一關係。

被飼養的鸚鵡與他人的相處關係，情況與貓相當類似。

鳥類是群體生活者，同時也是個人主義者，其生活型態就像都市人，當牠與飼主等的人類接觸時，是以一對一的方式交往，群體意識相當薄弱。

人類與鳥類的相似之處

　　家中有養鸚鵡或文鳥等鳥類的人，可能心中會有這樣的疑問：「鳥類和人類的體型大小差異這麼大，身體構造也不相同，為何能如此輕易了解彼此呢？」

　　雖然人類沒有翅膀，但事實上，在哺乳動物當中與「鳥類最相似」的正是我們人類。

　　包含人類在內的靈長類，是「所有哺乳動物中，與鳥類最相似的進化動物群」。人類祖先跟鳥類生活在相同的環境，也就是適應樹上的生活，然後演化成現在的人類。人類還會利用聲音交談，這樣的溝通方式跟鳥類一樣。因此，人類與鳥類才會如此容易彼此了解，很有共鳴感。

相似的三大重點

　　人類與鳥類的相似處，大致可區分為以下三項。

● 彼此擁有相同的聲音世界與色彩世界
● 原本都屬於樹居生活者
● 能透過聲音與肢體語言溝通

　　人類祖先是非常脆弱的生物，無法安心地在地上生活，所以逃到樹上，因為其他哺乳類動物都是在夜間行動，為了不與之衝突，演化成日行性動物。

　　包含人類在內的靈長類動物，眼睛都是長在臉的正面，雙眼可視範圍廣，其實這是為了在從這根樹枝跳到另一根樹枝時不會跌落摔死而進化來的。為了避免從樹上滑落，加強「防滑」

效果，便有了指紋或掌紋。鳥的腳底也有掌紋，當然也是為了防止從樹上滑落而發展進化的生理特徵。

我們現在有別於其他哺乳類對顏色的辨別能力，是因為我們跟鳥類一樣已經習慣日間生活，以視覺取代衰退的嗅覺來辨別「可以吃的食物與不能吃的食物」。鳥類也是透過色彩繽紛的視覺來辨別熟透的果實與有毒的果實。

人類和鳥類都使用相同的溝通方法，透過聲音傳達情報，再利用肢體語言補充、強調無法透過聲音表達的感情或意志。

鳥和人類使用相同的溝通方法，
皆是透過聲音和肢體語言來傳達意志或感情。

鳥類透過聲音與肢體語言傳達想法

關於鳥類的溝通術，我想再深入解說。

不像人類擁有「辭彙語言」，鳥類是透過各種聲音來傳達情報，以唱出或舞出特定的旋律，向心上人表達愛意。同種的鳥類只要看著對方的動作或羽毛狀態，就能讀取對方的情緒或心思。

透過聲音傳達想法

鳥的叫聲分為「鳴叫」與「鳴唱」兩種。

「鳴唱」是進化至近代的鳥群所擁有的聲音。

簡單說明就是，「鳴叫」是鳥類生來俱備的聲音，「鳴唱」是透過學習才擁有的叫聲。詳細分析請參考右頁。

鸚鵡學講話的過程與學習鳴唱相似。鳴唱的學習方法是先將做為範本的歌聲存檔於大腦裡，再不斷修正練習，唱出相同的歌聲。這樣的過程跟鸚鵡學習人類說話或吹口哨的情形極為類似。

這方面的學習有明確的時間限制，若沒有在一定的週齡或月齡開始學說話（鳴唱），那麼在長大以後，再怎麼學也不會說話（鳴唱）。

肢體語言

肢體語言與鳴叫行為一樣，都是天生就刻印於鳥類遺傳基因的基本情報。不過，每隻鳥的情報讀取能力會因先天資質或教育方式而有所差異。鳥類當中有洞察力敏銳的個體，當然也有「完全不會察言觀色」的個體。

鳴叫

〔目的〕

通知同伴有危險、告訴雙親肚子餓（雛鳥時）。

〔特徵〕

· 通常是單音節（單音），叫聲短。

· 多數情況下並沒有出聲的意願，
很自然就發聲了。

· 與生俱來的聲音，不需要訓練。

· 如果是相同品種的鳥類，可以透過
鳴叫聲溝通。

鳴唱

〔目的〕

求偶、宣示地盤

〔特徵〕

· 多音節、叫聲長且婉轉流暢。

· 人類聽起來像在聽音樂。

· 意思明確、發聲清晰。

· 必須透過學習才會鳴唱，在純
熟之前需要反覆練習。

· 必須在一定的週齡、月齡讓鳥
聽範本曲，並且記住旋律。

對於與自己相似的個體
絕對會有好感

　　人類發現對方與自己有相似之處時，就會覺得放心，也會稍微卸下心防。這個道理也適用於動物，在選擇生活伴侶（寵物、伴侶動物）時，總會選擇外觀或行為與自己有相似之處的對象。

　　尤其是在狗的選擇上，這個傾向更為明顯。在日本或歐美地區常常會做這樣的實驗，將許多飼主與愛犬的照片排在一起，請第三者找出形似的狗和飼主的「配對」，配對準確率相當高，這真是個耐人尋味的現象。

　　基於以上事例，我們會選擇鳥類為寵物跟我們一起生活，或選擇特定種類的鸚鵡來養，這當中蘊藏著某種深奧的意義。

　　雖然硬是要說人類當中鳥類特質明顯的人，會選擇鳥類、鸚鵡為伴侶，似乎過於牽強附會。

　　不過，當我們發現有趣的事時會沉迷其中忘了時間。我們也會因意氣用事而招來失敗。作為寵物鸚鵡，特別是跟人類相處時間最久的玄鳳鸚鵡也具備這些與人性相似的特徵。

鳥類的心理與生理

鳥類的五官感覺跟人類相似。
了解鳥類的視覺世界、聽覺世界，
就能看清牠們的心。

鳥類如何看待這個世界？

　　以下就是鳥類所居住的世界。

　　這是個色彩繽紛、充滿各種聲音的場所。有涼風吹拂，有時候也會下雨或降雪，有時候則是連續好幾天的豔陽高照。這是個無法事事都心想事成的場所。有許多以自己為狩獵目標的敵人環伺，是個每分每秒都要提高警覺的危險場所。

　　肉食哺乳類動物或猛禽類當然可怕，對體積迷你的鳥兒而言，螳螂等昆蟲也是危險敵人。在水邊也會遭遇肉食爬蟲類或魚類侵襲。對鳥類而言，這個世界處處充滿危機。

　　鳥類就是活在這樣的世界，分分秒秒提高警覺，小心翼翼地生存。

　　幸好鳥類擁有一項優勢武器，那就是可以在空中自由翱翔的翅膀。

有了翅膀，鳥兒遇到危險就能飛走逃離，也可以利用翅膀戰鬥、找食物、求偶繁殖後代、尋找適合的築巢場所。翅膀真是鳥類生活的最佳利器。加上鳥兒的一對眼睛，更是讓翅膀發揮最大能力極限的重要器具。

鳥類的心理會由其居住的世界與五官所組成

為了從上空遠眺地上並找到食物，為了可以發現身在遠方的猛禽，鳥類視力相當發達。鳥類為了生存，必須徹底磨練其視力。然而另一方面，因為在空中生活的機率變多，會用到嗅覺感官的機會微乎其微。不過，對於靠視力而活的鳥類而言，嗅覺變遲鈍並不會造成多大的困擾。

因進化而引起的生活型態改變，會對於鳥類的心理模式造成莫大影響。五感的使用頻率也會影響心理狀態。

因此，首先在此針對鳥類的五感，以及會對於鳥類心理模式造成莫大影響的生理結構特徵加以說明。分析鳥類感官與人類有哪些相似或差異之處，有助於了解鳥類。

鳥類眼中的世界：視覺

　　不只是鸚鵡，大多數鳥類都擁有寬廣視野。這一點跟人類不同。

　　人類單眼視野約為 160 度，雙眼視野最大約為 200 度，而且只能看見前方景物。鸚鵡的單眼視野超過 180 度，雙眼視野超過 300 度，除了正後方或被身體遮住的部分，可以清楚看到周遭景物。

　　不過，雖然擁有寬廣視野，雙眼可視範圍卻非常狹窄。

　　但也不能因此就說鳥類距離感遲鈍。鳥類擁有高度發達的腦部，能以高品質處理視覺情報。就算只有單眼看到物體，也能迅速掌握正確距離。

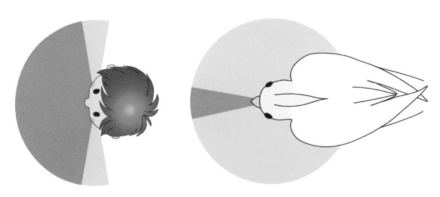

〔圖 1〕人類視野與鳥類視野

深色為雙眼可視範圍。
淺色為單眼可視範圍。

人類眼睛的對焦範圍相當狹窄，就距離（深度）或寬幅而言，鳥類的視力對焦範圍是人類的好幾倍。

另一項特徵

關於鳥類的視覺，還有一項鮮為人知的特徵。鳥類可以同時看兩個地方。

人類眼睛的視神經細胞集中於視網膜中心，透過視網膜呈現的影像來看世界。鳥類的視神經細胞集中於眼球內部的兩個位置，可以同時看到地面或樹枝等近處事物，以及距離稍遠的事物。

鳥類眼中的彩色世界

人類是透過三個原色看世界。因為眼睛裡有著可以分辨這三種原色的識別細胞（錐狀細胞），所以能看到彩色世界。

多數哺乳類的眼睛只有兩種錐狀細胞，無法分辨所有顏色。哺乳類的遠古祖先並沒有可分辨出顏色的視覺能力，進化的後

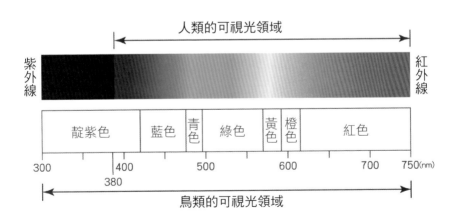

〔圖2〕人類與鳥類的可視光領域之差異

代也多為夜行性動物，不需要完備的顏色視覺能力，不過都擁有在黑暗中也能看清事物的清晰眼力。

鳥類眼睛擁有四種錐狀細胞，比人類多一個。因為種類多，可辨識的顏色更細分化，能看到人類肉眼看不見的部分紫外線。換言之，鳥類的可視光領域比人類寬廣。

因為能看見更多顏色，鳥類就可以輕易辨識食物以及食物的鮮度或熟度。也可以迅速辨識同伴、親子。而且，經過了好幾億年，鳥類一直都擁有如此敏銳的顏色視覺能力。

既然現在的鳥類擁有這樣的顏色視覺能力，推測其祖先，恐龍應該也能看見紫外線，這真是個耐人尋味的話題。

鳥類的視神經細胞

人類與鳥類都擁有兩種視神經細胞。一是感光細胞，一是感色細胞。

感光細胞稱為「桿狀細胞」，感色細胞稱為「錐狀細胞」。

人類擁有「紅色、綠色、藍色」錐狀細胞，鳥類擁有「紅色、綠色、藍色、紫色」錐狀細胞，擁有人類所沒有的紫色錐狀細胞，可以看見紫外線領域。

人類能看見 380～750 奈米波長的光，這個領域稱為可視光領域。鳥類能看見的光波長度，在長波光方面跟人類無異；不過，紫外線領域的短波光，每種鳥類的可視光領域多達 300 奈米。至於鳥類看見的是怎麼樣的光，已經超出想像範圍。

黑暗視力

我們總認為鳥類無法在黑暗中視物，其實不然。當環境變黑時，雞確實會突然喪失視力，但是玄鳳鸚鵡或虎皮鸚鵡等鸚鵡科就算處於黑暗中，仍能保有一定的視力。

不過，鳥類眼睛習慣黑暗的能力比人類遲鈍。當房間變暗，人類只要過個十分鐘就能習慣，鸚鵡則需要更多倍的時間才能習慣黑暗。

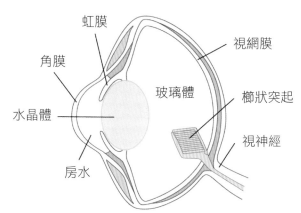

虹膜

角膜

視網膜

玻璃體

櫛狀突起

水晶體

視神經

房水

〔圖3〕玄鳳鸚鵡或虎皮鸚鵡的眼睛構造

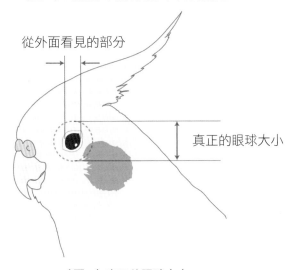

從外面看見的部分

真正的眼球大小

〔圖4〕真正的眼睛大小

鳥類眼睛（眼球）比外面所見還大。佔了頭蓋骨極大的領域。
由此可見對鳥類而言，視覺能力多麼重要。

鳥類聽到的聲音或氣味的感受：
視覺以外的五官感覺

聽覺

一般鳥類的聽力範圍約為 200 ～ 10000 赫茲，虎皮鸚鵡或玄鳳鸚鵡的聽力也是這樣的標準。人類的聽力範圍是 16 ～ 20000 赫茲，鳥類的聽力範圍比人類狹窄。

若以身邊的音源比喻，正常調音的鋼琴最低音為 27.5 赫茲，最高音是 4186 赫茲。鳥類耳朵聽不見鋼琴的最低音，卻可以透過骨頭的震動聽到低音，所以鳥類到底能不能聽見這個音域的低音，尚有爭議。

此外，鳥類聽不到狗或貓在日常生活中常發出的 2 萬～ 6 萬赫茲的聲音，所以鳥類對於狗笛也是無動於衷。

鳥類內耳鼓膜的耳蝸管或傳送聲波的耳小骨構造太簡單，是導致鳥類聽力範圍如此狹窄的主要原因。

不過，鳥類對於聲音的辨聽能力遠比人類或其他哺乳類動物發達。

● 正確記憶聽到的聲音

已經證實鳴禽類的鳥類，其「正確記憶聲音的能力」特別強。牠們在學習鳴唱時，能將指導老師（也是鳥類）的鳴唱聲音完全記住，連細微之處也不錯過，就像在腦海裡重播老師的

歌一樣，反覆練習。

　　牠們會邊唱邊用耳朵聽自己的歌聲，並與腦海中記憶的歌聲互相比較，進行修正。如此反覆練習，達到接近完美的鳴唱狀態。

● 鸚鵡的耳朵

　　大多數哺乳類動作都有著具有「集音」作用的「耳廓」，我們稱之為「耳朵」。我們所認知的貓耳朵、兔子耳朵、人類耳朵等，其實都是指耳廓。

　　玄鳳鸚鵡或虎皮鸚鵡等鸚鵡科鳥類，其耳朵並沒有耳廓，只有一個洞而已。只要撥開這部分的羽毛（耳羽），就能清楚看到洞口周邊有個盤子狀的凹處。這個凹處就相當於哺乳類動物的耳廓，具有集音效果。

　　因為凹處固定不動，無法改變形狀或方向蒐集音源。因此鳥類之所以時常移動脖子，目的就是在改變頭的角度，辨認聲音來源，同時將頭部轉到可以聽得更清楚的角度，以便正確掌握聲音的來源。

　　透過視覺和聽覺所獲取的聲音來源，可以在鸚鵡的大腦裡正確具像化，便能判斷出環境和聲音的真面目（危險性）。

耳朵位置

玄鳳鸚鵡的耳朵正好在臉頰正中間。

味覺

位於舌頭表面或口腔內的「味蕾」是掌管味覺的細胞。鴿子或雞的舌頭味蕾數目不到人類的百分之一，鸚鵡則多一點。

不論是玄鳳鸚鵡或虎皮鸚鵡，都是透過食物的酸甜苦辣等味道或舌觸來辨別喜歡和討厭的食物。餵鳥吃毬果時，牠會先用鳥喙啣著毬果，再用舌尖像吸允般舔毬果，品嚐舌尖留下的淡淡鹹味。

人類在幼兒期或成長期吃過的食物，會影響其將來的食物喜好。玄鳳鸚鵡或虎皮鸚鵡也有類似的情況，年幼時的飲食經驗會改變成長後的食物喜好。當味覺或口味固定後，想要改變很難。

觸覺：觸感、溫感

鳥類羽毛不是活的細胞，所以羽毛本身沒有觸感。不過，羽毛是相當優異的感應器，當羽毛碰觸到物體時，其感覺會透過羽軸傳達至皮膚，再由皮膚傳達至大腦。鳥類互相梳理羽毛或被人類愛撫時，其感覺也會透過羽毛傳達皮膚，再由大腦判斷是否舒服或「喜歡」。

被愛撫的鸚鵡渴望透過觸感獲得肉體的快感或心靈的舒

暢。不過，就算是平常很溫馴的鸚鵡，如果牠不喜歡羽毛被碰觸到，也不喜歡別人撫摸牠的話，就會覺得人類手掌的觸感「讓牠不舒服」，進而拒絕被撫摸。

此外，鳥類全身都有感覺溫度的冷點或熱點，以及感覺疼痛的痛點，不過，與人類的皮膚相較，密度不及人類，對於感覺的體認較為粗糙。

嗅覺

夜行性的奇異鳥嗅覺非常發達，鸚鵡等一般鳥類嗅覺不發達。不過，鼻腔內部確實有嗅覺細胞存在，嗅覺神經是由腦部延伸而來。雖然嗅覺能力普通，並不代表完全聞不到味道。

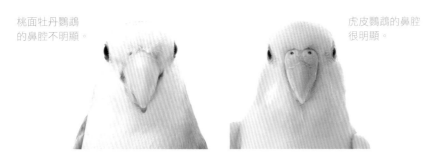

桃面牡丹鸚鵡的鼻腔不明顯。

虎皮鸚鵡的鼻腔很明顯。

人類的味覺與嗅覺情報是一體的，鸚鵡的嗅覺可能也會受到味覺影響。

因輕量化而消失的「豐富表情」

　　人類臉部有掌管表情的肌肉（表情肌）存在。當這些肌肉直向或橫向延展，有意識或無意識的牽動這些肌肉時，而有了笑、生氣、煩惱、驚嚇等各種表情。

　　同為哺乳類的狗也有表情肌，只是數量比人類少，狗也會有看似笑的表情或生氣的表情。

　　相對地，鳥類臉部幾乎沒有表情肌存在。鳥類在擁有能夠飛行的生理結構之際，在徹底將身體輕量化的過程中，嘴巴變成了鳥喙，臉部原有的肌肉則幾乎全被捨棄。

　　於是，鳥類臉部除了將眼皮上下移動的肌肉，以及開合鳥喙的肌肉外，沒有其他表情肌存在，也因此喪失豐富的表情。

 ## 以整個身體的動作取代臉部表情！

　　過去鳥類曾經完全被否定是具有「感情」的動物，不過，現在已經確定鳥類也有「感情」。至於是什麼樣的心理？有哪些地方與人類相似或相異？還需要多方研究與解析。可是，鳥類擁有各種感情是無庸置疑的。「無法做表情」並不等於「沒有感情」。

　　鳥類無法透過臉部呈現表情，卻可以透過動作或聲音來傳達感情。換言之，鳥類是看不出臉部表情，卻能以整個身體來表達情緒的生物。

　　因為無法有臉部表情，鳥類會透過歌聲、舞蹈與意中人溝通。回顧鳥類的輕量化歷史，就會發現這段輕量化的過程，對於鳥類的溝通術和心理進化造成莫大影響。

因興奮而彩虹體收縮。

以整個身體威嚇對方。

被愛撫時會閉
上眼睛。

鳥類雖然臉部表情肌數目減少，還是會透過臉部呈現生理反
應。比方緊張地凝視某物時，會跟人類一樣減少眨眼次數，
鳥喙動作也會變遲鈍。

主要特徵：鳥喙

世界上有翅膀退化、能力變弱，或是完全沒有翅膀的鳥類。不過，世界上看不到沒有鳥喙的鳥。對鳥類而言，鳥喙是非常重要的器官。

鳥類透過鳥喙吃東西、呼吸。鳥喙不僅具備口腔功能，還有取代人類手部或手指的功能。鳥類除了會利用鳥喙餵雛鳥食物、吐食物給另一半吃、送禮外，還會利用鳥喙尖端指示場所或方向。

對鸚鵡而言，鳥喙的功用比其他鳥類還多，相當於人類的手或手指功能。當鸚鵡往上爬或往下走、左右移動、在鳥籠裡移動時，會把鳥喙當成「手」使用，利於移動。人類會用手舉高物品、丟物品、支撐物品或抓物品，鸚鵡則是利用鳥喙來完成這些動作。

鳥喙具備感應器功能

對鳥類而言，鳥喙是攸關生命的重要器官，鳥類的五感就聚集在鳥喙中心的狹窄區域裡。

掌管嗅覺的鼻子在鳥喙上方，斜上方是眼睛，耳朵就在與鼻子、眼睛連成的三角形區域。當鳥類啣物或咬著物體之際，會透過鳥喙或舌頭的觸感來分辨物體的材質、溫度、質感，同時也能察覺味道。

以鳥喙為主的感覺器官所獲得的情報會統合送至大腦，然後開始整理關聯性，並且記憶，再以這些情報為依據做判斷。

鸚鵡平日會啣咬各種東西，這時候除了會利用眼睛這種視覺感官做確認，同時也會啟動嗅覺、觸覺、味覺等機制，確認

並記憶到底咬了什麼東西。

　　當使用喙來完成事情的同時，送至大腦處理的情報可能比其他鳥類多一些。人類懂得用手做事後，更能促使腦部進化，鸚鵡也跟現代人一樣，平日會經常使用鳥喙（相較於其他鳥類，鸚鵡使用鳥喙的頻率偏高），藉此活化大腦，強化腦功能。

相較於其他鳥類，對鸚鵡而言，鳥喙是相當重要的器官。

睡覺有安定效果

對所有生物來說，睡覺非常重要。尤其是大腦發達的生物，睡覺的意義更加重大。

睡眠狀態可分成讓身體休息的「非雷姆睡眠」與讓大腦休息的「雷姆睡眠」。人類、狗和貓都擁有非雷姆睡眠與雷姆睡眠，鸚鵡等鳥類也有非雷姆睡眠與雷姆睡眠。只有哺乳類和鳥類擁有這種睡眠期。而且在雷姆睡眠期，鸚鵡可能會做夢。

不過，哺乳類擁有數分鐘～數小時的長時間睡眠周期，鳥類的睡眠周期基本上是以數十秒到數分鐘為單位。人類如果睡眠時間短，會覺得沒睡飽，鸚鵡卻可以透過短暫睡眠的次數累積，結合成一天所需的睡眠時間。

磨鳥喙的聲音

　　當鸚鵡想睡時，會磨合上下鳥喙，發出唧－吱－的聲音。雖然不曉得為何鸚鵡會在睡前出現這樣的行為，但是對飼主而言，這個磨鳥喙的聲音就是重要的提示訊息，告知飼主我想睡了。還有不少人覺得聽到這個聲音會有幸福的感覺。

　　在鸚鵡發出唧吱磨鳥喙聲的前後，會聽到不像是一句話的咿呀聲，不過，這不是在說夢話。而是鸚鵡聽從大腦的指示，反覆練習學過的話，這個情況就跟人類嬰兒在咿呀學說話一樣，又被稱為「咿呀學語聲」。

　　這通常是鸚鵡在練習說話的正常情況。如果在應該入睡的深夜時分說出清楚的語句時，很有可能是在說夢話。玄鳳鸚鵡等小型鸚鵡說夢話機率不高，但是像非洲灰鸚鵡之類的大型鸚鵡常會說夢話。

心理與智力都跟大腦有關

在 1990 年代之後的 20 年裡，對於鳥類心理或腦部的研究有著驚人的進步。因為成績太卓越，不禁讓人想問，過去研究停滯的 200 年究竟是怎麼一回事。

研究與記憶或判斷有關「腦部認知結構」的心理學家，為了解明箇中情況，將焦點鎖定於鴿子、文鳥、烏鴉等鳥類，讓這些鳥類的心理或腦部功能研究有了極大的進步。

其實心理學家真正想知道的是人類認知與大腦的關係，以及發展史（進化史）。為了找到答案，以黑猩猩或大猩猩等與人類近似的物種或不同物種，卻有類似反應的動物來做比較是非常重要的過程。

除了猴子和老鼠之外，文鳥、十姊妹、斑胸草雀、非洲灰鸚鵡、虎皮鸚鵡、鴿子（野鴿）、烏鴉等鳥類也是研究對象。

對於心理學研究發展有重大貢獻的鳥類。

只有鳥類和哺乳類才擁有的特別腦

大腦是維持生命、掌管運動神經、記憶與判斷等「認知能力」的最重要器官。狗、貓、小鳥也都和人類一樣,會透過大腦思考,並做出各種判斷。

隨著研究的進步發現,烏鴉或鸚鵡的大腦比當初所預想的還大,而且都達到獨自進化的程度。

經過詳細的解明過程,發現我們一直以為屬於「原始腦」的鳥類腦結構與實際認知截然不同,更擁有與哺乳類動物大腦皮質功能極為相似的部位。

現在已經證實,鳥類大腦是以分段區塊的模式來獲取情報。跟哺乳類動物的大腦一樣,「海馬體」與記憶能力關係密切。

鳥類不笨,是擁有高度智商的生物,這個事實一直到了20世紀末期才被證實。

腦容量比較

動物腦的發達程度,可用腦容量(腦重╱體重)表示。

請參考下一頁的「腦容量與體重的關係圖」。

在這個圖表資料中,將哺乳類、鳥類、魚類以及爬蟲類做了比較,可以發現哺乳類和鳥類的腦容量比其他動物重。如果用「只有鳥類和哺乳類的大腦塞滿頭蓋骨」來解釋,各位應該比較能想像。

通常動物是體型愈大,腦部也愈大、愈重。不僅包含人類在內的哺乳類是如此,魚類和兩生類也是同樣的情況。

鳥類當然也一樣,身體愈大的鳥,腦部愈重。在下一頁的圖表中,鳥類等其他動物的區塊都是往右上方斜向擴大,表示體型愈大,腦容量愈重。

若更具體的比喻,那就是「體型較大的鸚鵡或烏鴉的腦比

第 2 章　鳥類的心理與生理

39

十姊妹或虎皮鸚鵡大。」

請於下圖畫一條直線，任何位置都行。這條直線代表著相同重量的動物。只要相交的線條愈高，腦容量就愈重。

在下圖裡，包含我們人類或黑猩猩在內的「靈長類」有特別的框框圍著。這個框與鳥類的框有部分重疊。玄鳳鸚鵡或虎皮鸚鵡所屬的鸚鵡科及鴉科應該是分布於這條直線的最上方，與靈長類交集之處。

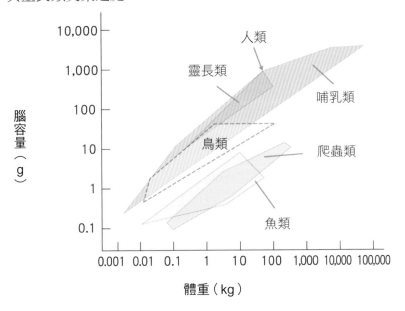

〔圖5〕腦容量與體重的關係

Jerison H J, Evolution of the Brain and Intelligence, Academic Press, New York, 1973. 更新

 大型鸚鵡與鴉科的腦容量是頂點！

艾琳·派波柏格博士（Dr.Irene Pepperberg）透過對非洲灰鸚鵡艾力克斯（Alex）的行為實驗研究，發現大型鸚鵡擁有高度智慧，對於這個聲明，大家應該記憶猶新。也證實新喀鴉或禿鼻鴉等鴉科動物會為了獲得食物自製工具，還會隨身攜帶

這項工具。

　　鸚形目鳥類，以及雀形目中的鴉科是所有鳥類當中，所在領域與靈長類最接近的物種。

腦化指數

　　下圖是「腦化指數」圖表，是以特殊方法將體重與腦容量的關係以數字表示的圖表。關於腦化指數計算方法有好種，下圖是以人類腦化指數 10 為基準，算出其他動物的腦容量數值。數值愈大，腦袋愈重，腦力也愈發達。

　　該圖表並未列出狗或貓的腦化指數。以相同方法計算，狗的腦化指數約為 1.8，貓的腦化指數約為 1.6。換言之，烏鴉的腦化指數比狗或貓重。

　　雖然腦化數值不完全代表智力高低，但是可以確定烏鴉的智慧高於狗或貓，足以與猴子匹敵。而且，非洲灰鸚鵡等大型鸚鵡的腦化指數推測應該與烏鴉相近，但是目前尚未有明確的研究數據報告。

種類	腦化指數
人類	10.0
黑猩猩	4.3
烏鴉	2.1
猴子	2.0
老鼠	0.6
鴿子	0.4
雞	0.3

〔圖６〕腦化指數圖表
數字愈大，表示腦部愈重
（※ 資料來源：日本慶應義塾大學即時新聞）

心智發達是為了繁衍子孫

2010 年底，日本慶應義塾大學提出「文鳥喜歡畢卡索勝於莫內」的報告。由在研究鸚鵡心理方面立下卓越功績的心理學家渡邊茂教授的研究室所發表。渡邊茂教授就是記錄非洲灰鸚鵡艾力克斯學習過程，並予以整理的著作《艾力克斯的研究》（Alex Study）（共立出版）一書的譯者。

從以前我們就常說鴿子或文鳥、鸚鵡是喜歡色彩或音樂的鳥類，不過，渡邊茂教授的這篇報告更主張「鳥類也有所謂的喜好心理存在」。

鳥類擁有「心智」是無庸置疑的事實，雖然鳥類心智與人類心智不同，確實也有相似之處。在好幾億年前就不斷進化的異種生物竟然也擁有心智，這真是讓人訝異的事。

為何鳥類的腦力和心智會如此發達呢？

為何心智如此發達？

大家都知道，鸚形目和雀形目是新進化的物種。要驅逐舊品種，讓自己的血緣遍布全世界，需要高度的智商。這當然是原因之一，其實還有另一個提升智商的理由。

那就是雌雄動物之間談戀愛的行為，談情說愛正是促進腦力或心智進化的原因。

雄性動物在選擇雌性伴侶或雌性動物在選擇雄性伴侶時，會自然做出「這個比較好」的判斷。之所以做出這樣的抉擇，目的是希望生出更優秀的後代。對於繁殖能力強的對象會產生「喜歡」的感覺，這就是促使「心智」發達的原因。

因為鳥類具備這樣的判斷力，即使是遇到與生殖或繁衍後

代無關的平常狀況時，也會做出「喜歡」、「討厭」的判斷。
而且，喜歡的念頭會促成「比較概念」的養成，讓腦力和心智
更加發達。

　　至於在進化過程中，動物的「喜好」感覺是如何養成的？
目前尚處於研究的階段。

鳥類透過喜不喜歡的「心智」選擇繁殖對象。照片由上起
分別是金絲雀、牡丹鸚鵡與桃面牡丹鸚鵡、黃化小鸚鵡。

其實鳥類很聰明！

「人類會使用工具，動物不會使用工具」是證明人類比動物聰明時常被提出的證據。

我們的生活周遭確實充斥著各種先進的工業製品，然而就「使用工具」這一點而言，並非只有人類才會使用工具。

大家都知道黑猩猩會使用石頭或木棍做為工具獲取食物，也有大猩猩懂得使用石頭割開貝殼。在日本國內還流傳一個知名故事，烏鴉懂得利用腳踏車壓破核桃殼，取出核桃食用。電視廣告還經常使用這段影像。

其實懂得使用工具的物種中，鳥類才是真正佔大多數。哺乳類中只有極少部分的動物會使用道具，相對地，會使用工具的鳥類數目，用雙手手指和雙腳腳趾來數也不夠。

總之，不只是鸚鵡或烏鴉等鳥類很聰明，而是所有鳥類都擁有高度智力，懂得如何聰明行動。「鳥類很笨」是落伍的觀念，鳥其實很聰明。

不過在眾多鳥類中，確實是烏鴉和鸚鵡最聰明。

鳥類也會做這些事

住在南太平洋新喀里多尼亞島的新喀鴉，天生就會把各種植物加工製成各類工具，並利用這些工具捕捉昆蟲的幼蟲當食物，這是眾所皆知的事實。有人透過觀察發現新喀鴉的這項能力被當成文化，在群體中傳播，年輕的新喀鳥會模仿成鳥的行為，製作工具，並且學習如何使用工具。覺得用起來舒適的工具會變成「私人工具」隨身攜帶。

住在加拉巴哥群島的啄木地雀會使用仙人掌刺做成捕捉昆

蟲的工具。

　　住在新幾內亞或澳洲北部森林的棕樹鳳頭鸚鵡為了向雌鳥示愛，會把樹枝當成鼓搥敲打樹木，讓鼓聲響遍整個森林。牠會用腳趾握著取代鼓搥的樹枝，技巧純熟地用力敲打，發出美妙的聲音。

　　棲息於日本九州特定區域的綠簑鷺會把樹枝、小石子、羽毛、麵包屑、昆蟲等物品當成假餌丟進池子裡，引誘魚浮游至水面，再予以捕捉。牠的行為跟「釣魚」沒兩樣。目前已經確認綠簑鷺的釣魚場不是只分布在日本而已，新加坡等其他世界各地也發現好幾處綠簑鷺的釣魚場。

使用工具捕捉昆蟲：新喀鴉

新喀鴉是製作與使用工具的高手。對於喜歡的工具會隨身攜帶或自己選擇合適的地方保管。

使用老樹製作樂器：棕樹鳳頭鸚鵡

在繁殖期，棕樹鳳頭鸚鵡雄鳥會敲打斷落的木頭，發出聲音，就像是在「打鼓」向雌鳥表達愛意。

模仿鳥眼的電視上市了

　　最近四原色液晶電視上市，廣告詞宣稱四原色液晶電視的色彩畫質會比原品種電視更鮮麗。而鳥類原本就是以四原色錐狀細胞看世界。換言之，人類的世界與鳥類的視覺世界更拉近一步了。

　　下圖是人類與鳥類的色感視神經細胞的感受特性曲線圖。鳥類比人類多了一個原色錐狀細胞，不僅能看到更多的顏色，而且色感更加勻稱鮮明。因此，鳥類的辨色能力更精密，還能看見紫外線。在鳥類眼中，玄鳳鸚鵡的臉頰是鮮豔橘色，虎皮鸚鵡的臉頰下方是藍紫色，顏色都比人類眼中所呈現的色彩還要鮮明亮麗。

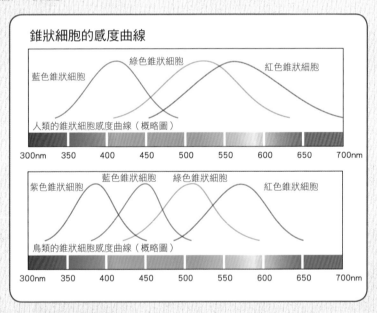

〔圖7〕錐狀細胞的感度曲線
人類擁有藍色、綠色、紅色的三原色錐狀細胞。人類的紅色錐狀細胞是因綠色錐狀細胞分裂所形成，所以顏色不太自然，且偏綠色。鳥類擁有紫色、藍色、綠色、紅色的四原色錐狀細胞，每個顏色都均勻排列。

第 3 章

鸚鵡的感覺

鸚鵡是如何辨識人類呢？
又是如何看待自己呢？
接下來將詳細介紹鸚鵡的感覺。

鸚鵡對人類的看法？

在人類所飼育的鸚鵡心中，剛開始會把照顧牠的人當成「雙親」，不過，等到牠可以自己進食後，這份親情感覺也跟著快速淡化。

就算由真的鸚鵡雙親養育，出生數週後親子還是要分開，親子感情淡化是理所當然。鳥類為了要在自然界中生存，感情方面就會比較冷淡。

在還沒有自我保護能力的雛鳥時期，就算人類以代理父母的身分照顧牠的「飲食起居」，在鸚鵡眼裡，人類永遠是巨大的怪物。也許會把人類當成是不會飛的巨鳥，但絕對不會把人類當成同種夥伴。

不過，鸚鵡是否會把人類當成戀愛對象又是另一個值得討論的話題。鳥類的心理防線標準很低，尤其是被人類飼養，又不太有機會接觸其他同種鳥類的話，很容易會對人類產生「好感」或「把人類當成情人般愛慕」。從鳥類心理學來看，這樣的感覺屬於「正常範圍」。

喜歡能讓自己感到安心、舒適的對象

有人喜歡鳥，當然也有人討厭鳥，甚至漠不關心。同樣地，被人類飼養的鸚鵡對於人類的感覺，也可以分為喜歡、討厭、

視而不見三種，因為生活型態不同，喜歡或討厭又可以再分類出好幾種等級。鸚鵡是好惡分明的動物，而且相當固執，一旦想法確定後就很難被改變。

飼主與鸚鵡能相親相愛當然是最好不過了。但是，因為喜歡的標準不一，彼此的想法也不見得會一致。就算鸚鵡不討厭你，如果你一味要求牠更喜歡你，想經常跟牠相處，鸚鵡反而會退縮，甚至不再開口與你有絲毫交流。

許多鸚鵡都會害怕強行跨越自己「心理防線」，硬要闖進自我心理領域的人。有怕飼主對自己太關心的鸚鵡，當然也有覺得飼主對自己漠不關心，只關心其他家人的鸚鵡。我的網路留言板曾收到這樣的留言──「都是我在照顧牠，牠卻只愛找從未照顧過牠的外子，怎麼會這樣？」這是真實的案例。

「安全感」是寵物鸚鵡對於人類的第一項要求。

牠喜歡相處起來輕鬆和樂，會「察言觀色」、與自己保持適當距離的人。

想跟鸚鵡成為好朋友、想跟鸚鵡玩、希望鸚鵡把我當成怎樣的對象等等。如果你在鸚鵡面前強烈表現出上述念頭，鸚鵡就會覺得心慌不安。如果希望鸚鵡更喜歡你，首先請靜靜觀察，找出牠所要的安全距離感，努力配合牠的需求。

鸚鵡知道自己是鳥嗎？

　　曾經養過鸚鵡的人都會有這樣的疑問：「這孩子覺得自己是鳥？還是人類？」如果鸚鵡還會說人話，那麼這份疑惑就會更深。

　　從結論來看，若鸚鵡是由親鳥抱卵孵化，基本上不會認為自己是人類。因為在孵化時「我就是鳥類」的觀念已經深深刻劃於心。

　　就算有時候會有所動搖，在鸚鵡出生後數週期間——如果跟親鳥一起生活的話，就是親鳥吐餵幼鳥的時期；如果跟人類一起生活，就是由人類照顧幼鳥的時期——在幼鳥心裡已經有了「我有翅膀，我是會飛的生物」的自覺。牠可以清楚區別自己是會飛的生物，與自己生活在一起的人類是不會飛的生物。就算年紀尚幼，牠們的身分就是「鳥」。

　　此外，鳥類的心理想法相當柔軟靈活——「凡事都會朝好的方面解釋」。對於看不順眼的事物，鳥類可以做到「視而不見」。因此，鳥當然也會愛上人類，甚至發情。其實這不過就是為了遵循每天都要吃飯、睡覺、活著繁衍子孫的遺傳基因所下達的最優先事項的選項之一，就某個層面來看，鳥類會出現這類行為，我認為合情合理。

鳥類會覺得自己不幸嗎？

　　還有人會問，由人類飼養的鳥兒對於自己的處境會有何看法？這時候應該有人會說：「被人類飼養的鳥是不自由的。」聽到這樣的回答，有養鳥的人可能不是很高興，雖然對方也是因為愛護鳥類才會這麼說。

對於濫捕年幼野鳥，以不法手段販售的人，或是為了自我滿足以不法手段養鳥的人，一定要強力抨擊，這樣行為當然不值得推廣。

不過，「跟人類生活」＝「不幸」、「野生」＝「幸福」的說法未免太淺見了。不論身處任何環境，鳥類都會認真生活。不論野生或飼養，到底是幸福還是不幸，鳥類自己也無法做出結論。

飼育鳥類的工具「鳥籠」確實有「監獄」的感覺。可是，對於被飼育的鳥兒而言，鳥籠世界是人類無法入侵，真正屬於自己的地盤，也是讓身心完全休息的安心巢穴。在緊急時候，鳥籠還有保護生命安全的避難所功能。

讓鳥類跟人類一起生活，才可以更深入了解鳥類世界。在鳥類心理學研究有全新發展的當下，每位飼養者都該以正確的觀念跟鳥類共同生活，並透過這個「過程」解開鳥類真實面貌與能力之謎。

即使是由人類飼養長大，鸚鵡還是很清楚自己是鳥類。說不定牠還會覺得無法在空中飛的人類很遜呢！

對於同居的其他動物有何看法？

在動物成長階段中，會歷經所謂的「社會化期」。每種動物的期間不同，通常是指眼睛張開後的數週時間或數月期間。在狗的社會化期階段，除了學習如何與同類相處，還要多跟人類接觸，了解人類是何種生物，學習如何與人類生活，達到成長目的。

對鸚鵡而言，社會化期也是相當重要的階段。玄鳳鸚鵡或虎皮鸚鵡的社會化期是眼睛張開後的五至七週期間（出生後六至八週期間），在這段期間常與人類接觸的話，可以教養出能跟人類和平相處的鳥。若是在這段期間，鸚鵡所生活的環境裡還有狗或貓存在（前提是狗或貓不會加害鸚鵡），也可以跟這些動物變成好朋友。

當鸚鵡長大後，對於熟悉、不會有恐懼感的狗或貓等其他動物，有的鸚鵡會把這些動物當成玩具，想積極親近，知道牠們也是家中的一份子；但也有的鸚鵡天性警戒心重，牠會告訴自己不能接近牠們，要保持適當距離。在動物面前，每隻鸚鵡的個性反應不盡相同。

某些比較強勢的鸚鵡會出現這樣的反應，牠不喜歡自己心怡的飼主跟狗或貓太親近，甚至會因為吃醋而攻擊其他動物。許多狗或貓並不會在意小小一隻鳥的嫉妒心，可是如果讓狗和貓感到心煩或啟動牠們的防禦本能，很有可能會予以反擊。飼主一定要隨時提高警覺，別讓悲劇發生。

 ## 逃到外面的危險性

多數飼主可能不覺得鳥逃到外面很危險，但是平常跟狗或

貓和平相處的鸚鵡一旦逃離家裡，因此喪命的機率很高，希望飼主能提高警覺。

　　跟狗或貓變成好朋友的鸚鵡會以為所有的狗或貓都是好人，不會有所防備。

　　對於一無所知的外面世界，鸚鵡會以為是個安全的世界，因為牠只看到走在路上的人類，以及自認為不會加害自己的動物。可是，對於人類或外面的狗、貓而言，出現於眼前的鳥兒簡直是「天下掉下來的禮物」，遭遇不幸的可能性極高。

　　也許你家的鸚鵡不會離家出走，但在布置飼育環境時，最好將這個問題列入考量，為愛鳥營造安全的居住環境。

在狗或貓眼裡，鳥類本來就是牠的食物。就算從小就和平相處，也可能因為一點小嫌隙而襲擊鳥兒。在飼主面前，會裝出聽話的樣子，當飼主不在，就露出兇惡本性。為了不讓悲劇發生，還是提高警覺或分開飼養比較好。

如何分辨飼主？

　　人類所飼養的鸚鵡，其實經常都在觀察人類。

　　在與人類熟稔的過程中，會記住看過的每位家人特徵，並且將這些記憶情報儲存於大腦檔案夾。鸚鵡之所以會積極記住這些事情，目的是為了更了解對方，希望與對方建立更良好的關係。鸚鵡會將眼睛或耳朵所獲取的情報，條理清楚地歸納且儲存於大腦資料庫裡。

　　關於人類記憶，可分為對於所見所聞只記住幾秒鐘的「感覺記憶」、記憶時間比感覺記憶長，但最後也會忘記的「短期記憶」、記住長相、事件、各種步驟的「長期記憶」。鳥類擁有這些記憶方式，還會視情況或需要分批運用這些記憶能力。

　　大型鸚鵡可以永遠記住人類的長相或聲音，連體型小的虎皮鸚鵡也辦得到。不過，還是非洲灰鸚鵡或黃帽亞馬遜鸚鵡等大型鸚鵡的長期記憶能力較強。

記憶之鑰

　　人類與鸚鵡都是依靠視覺情報及聽覺情報而生活的物種。因此，必須仰賴視覺及聽覺來了解對方。人類不會只憑聲音或長相的單一情報來判斷對方。如果是熟識的人，或許只要聽到聲音就能知道是誰，不過，基本上還是會透過長相、聲音、說的話、服裝等多方面情報來判斷對方。鸚鵡也跟人類一樣。

　　鸚鵡會將人類的「長相、髮型、有無戴眼鏡、體型、身高、走路姿勢、行為舉止、服裝、說話音調或方式、使用的語言、人際關係」等資料當成情報，儲存於大腦。再依據這些情報對照出現於眼前的人物，判斷是否為熟識的人。

如果看不到臉，會透過聲音判斷；如果聽不到聲音，會仔細觀察其手勢，來判斷是不是熟識的人。基本上鸚鵡的認人方法與人類極為相似。

　　鳥類分辨聲音及記住聲音的能力比人類強好幾倍，牠可以正確分辨每個聲音的音調或音質。只要讓鸚鵡聽到聲音，就能準確判別對方是誰。

鸚鵡的觀察重點

長相

眼鏡

體型

身高

服裝

說話方式、動作

說話聲調、語言

走路姿勢

鸚鵡會觀察上述重點，判斷對方是否為熟識的人。

如何讀取人類的感情？

　　住在日本的鸚鵡，平常聽的應該是日語。如果有來自國外的人以英文或中文跟牠說話，牠會發現母音使用方法或抑揚頓挫、音域（每種語言的週波數領域不同，英語的音域比日語高）有所不同，而認定這是「其他語言」。對鸚鵡而言，透過音頻差異判斷是否為不同的語言，乃是輕而易舉的事。

　　如果是疑問句，說話聲調會上揚；如果是肯定句，則聲調低沉穩重，鸚鵡能辨別個中語氣的差異。

　　之前提過，鸚鵡將人類長相、髮型、有無戴眼鏡、體型、身高、走路姿勢、行為、服裝、說話聲調、說話方式、所用的語言、人際關係等訊息，當成記憶情報儲存於大腦，同時牠也會透過平日對於飼主的觀察，從長相、行為、氣氛、聲調、話多或少而敏感察覺人類情緒的變化。

　　這些情報中，以話多話少、聲音等各種相關情報最為重要。再加上表情情報，鸚鵡就可以清楚解讀人類內在深處的情緒。

透過學習，提升解讀人類情緒的能力

　　當我們感到幸福或開心時，會透過聲音或表情傳達當時的情緒。當鸚鵡看到看似開心的人，牠也會開心。當滿心歡喜的人時常跟鸚鵡玩或餵食美味食物時，鸚鵡就會學習到「人類開心」→「有好事發生」的定律，同時也會更開心。

　　相反地，平常常跟鸚鵡聊天的人突然沉默寡言，鸚鵡也能察覺到氣氛的「怪異」。當飼主表情跟平常不一樣，鸚鵡也能敏銳察覺到。

每隻鸚鵡的觀察力當然不盡相同，有的可以敏銳察覺，有的則是無動於衷，但也可能有就算察覺氣氛有異，心裡也不會在意的鸚鵡。不過，喜歡人類，平日就與人類建立深厚感情的鸚鵡，絕對能夠敏銳察覺人類的情緒變化，也會非常在意。

飼主開心，鸚鵡也開心

鸚鵡透過學習經驗得知，開心的人對自己是好處多多，鸚鵡可以與人類分享幸福的感覺。

鸚鵡喜歡站在人類肩膀
或頭部的理由？

　　鸚鵡經常會站在人類的肩膀或頭上。當鸚鵡朝人類飛去，尋找歇腳地點時，總會選擇頭上或肩膀，會做出這樣的選擇，其實是有原因的。

　　原因如下。

① 雖然喜歡這個人，可是不喜歡被碰觸。
② 不敢被人直視。
③ 不想被抓。
④ 想更近距離聽（想記住）這個人唱歌或說話。
⑤ 想向其他的鳥示威，自己最受寵愛。
⑥ 對耳環或項鍊有興趣。
⑦ 把人類當成交通工具（人類是代步工具）
⑧ 覺得這個位置視野比較好，所以喜歡站在人類肩膀或頭上。
⑨ 想近距離觀察人類在做什麼事（好奇心）。
⑩ 想被抓、想被愛撫、想被捧在手掌心。

　　就算跟人類一起生活了很長的時間，還是有不少鸚鵡很怕人類的手。人類用手逗鸚鵡玩，如果在鸚鵡還沒玩盡興的時候，就用手抓著牠，人類的手就變成令鸚鵡討厭的手。鸚鵡在觀察人類時，除了看表情、眼睛，也會仔細觀察雙手。

　　當鸚鵡想靠近人類，卻又害怕人類雙手……這時候會選擇不會讓牠又愛又怕的頭部上方。如果站在人類頭上，人類無法直視鸚鵡，就算想抓鸚鵡，動作也會慢半拍，而且鸚鵡能清楚看到人類手部的動作，可以立刻逃走，完全不需要擔心。

　　如果養了很久的鸚鵡，當牠有了上述第9個、第10個理由「想近距離觀察人類在做什麼事」、「想被抓、想被愛撫」的念頭，通常會飛到人類肩膀或頭上。這兩個地方正是近距離觀

察人類的最佳地點，如果覺得有趣想一起玩，只要沿著手臂走下來即可。每當鸚鵡飛到人類頭上或肩膀，人類就伸出手「要鸚鵡下來」，然後抓著牠或愛撫牠、陪牠玩的話，牠會記住這樣的經驗過程，知道「飛到人類頭上或肩膀」→「被抓」，然後就可以跟人類玩，所以才會有那麼多鸚鵡喜歡飛到人類的頭上或肩膀。

下次當你的鸚鵡飛到肩膀或頭上時，請仔細觀察牠。當你仔細凝視的時候，就能知道牠為何會飛過來，而且也能加深你對愛鳥的了解。

許多鸚鵡因為知道飛到飼主頭上或肩膀，就會被抓下來一起玩，所以很喜歡飛到這兩個地方。不過，也可能是因為害怕人類的手，才會飛到離手很遠的頭上。

讓鸚鵡飛到肩膀或頭上的危險性

如果是虎皮鸚鵡或玄鳳鸚鵡等的小型鸚鵡，就算平常讓牠們飛到你的肩膀或頭上，牠們也不會因為優越感而攻擊人類。不過，鸚鵡對於耳環或項鍊等人類配戴的首飾很感興趣，事實上也常發生鸚鵡用鳥喙強拉配戴首飾的事件（如果是大型鸚鵡更加危險）。也有鸚鵡誤吞咬壞的首飾意外發生。了解可能會發生哪些危險，才能避免意外發生。

寵物鸚鵡是個好奇寶寶？

鳥和動物都是好奇寶寶。不過，在野生環境因好奇心作祟，導致自己受傷、付出性命的例子也不少，因此，野生動物都活得小心翼翼。

動物在野生時期，會因為受不了好奇心誘惑，進而靠近其他生物或嘗試遷移、進食，也因為這樣的挑戰或嘗試，才出現品種分化的結果，或因此適應了新環境，找到新的棲息區。

待在家裡也是危機重重

當鸚鵡開始與人類一起生活後，牠慢慢會發現人類的家是安全的場所。因為不需要自己找食物，也會擁有更多自由時間。

鸚鵡本來就擁有高度智慧，好奇心也比其他生物旺盛。基本上對於第一次見到的事物，也會覺得「害怕」，但同時好奇心也油然而生。

當鸚鵡住在人類家中，透過學習得知就算靠近或碰觸感興趣的東西，也不會有危險，之後就會自由在家裡走動或飛行，檢視家中物品，如果是食物，會確認是否美味，也會尋找可以玩樂的玩具。

當鸚鵡想確認感興趣的事物是什麼東西時，首先會「咬咬看」。有些東西（對於已確認是食物的東西）會先吃吃看。如果是年幼的鸚鵡，透過這樣的咬食行為可以促進腦部發育。

如前所述，鸚鵡會用上下嘴喙或用舌尖碰觸物品，藉此確認硬度、質感、觸感、溫度、味道（還有氣味），順便確認是否為可吃的食物。

鸚鵡一出生，就是透過咬的行為認識這個世界，就像人類

的小孩，看到感興趣的事物，就會伸出手指碰觸看看，鸚鵡看到感興趣的東西，當然會想咬咬看。

　　不過，看似安全的家庭環境還是有許多如果誤食，就可能會危及生命的物體或含鉛等有害物質的物品存在。

　　鸚鵡會咬感興趣的東西，這是牠的習慣性行為，根本無法予以制止（硬性制止的話，會讓鸚鵡有壓力，導致精神上的問題）。讓鸚鵡遠離危險物品，是想與鸚鵡一起生活的飼主務必盡到的責任。

歪著頭，以單眼凝視感興趣物體的鸚鵡

當鸚鵡想看清楚物品，想確認究竟為何物時，牠會歪著頭，以單眼凝視目標。鸚鵡可以近距離對焦，就算與物體的距離只有一公分，也能清楚對焦。鸚鵡的這個行為，跟人類使用放大鏡觀察的行為極為相似。

讓鸚鵡害怕的事物？討厭的事物？

以下是會讓鸚鵡討厭或感到害怕的事物。

> **讓鸚鵡害怕的事物、討厭的事物**
>
> ❶ 比自己大的動物（人類當然是）
> ❷ 從未見過的東西
> ❸ 未曾聽過的聲音
> ❹ 與同種鳥類或其他鳥類所發出的警告聲類似的聲音（譬如放煙火時發出的「咻咻聲」）
> ❺ 突如其來的聲音或搖晃
> ❻ 老鷹等猛禽類或烏鴉的叫聲以及其身影。
> ❼ 讓肉體承受痛苦的東西或狀況
> ❽ 環境或狀況的重大改變

讓鸚鵡感到害怕的東西，通常是先天就害怕的事物。討厭的事物則多數是因為後天不好的經驗而讓鸚鵡感到厭惡的事物。

因此，討厭的事物會因鸚鵡而異。

譬如，有的鸚鵡會討厭（或害怕）去醫院，有的鸚鵡則無所謂；有的鸚鵡到陌生場所會感到緊張不安，有的則是毫無感覺。也有的鸚鵡認為往返醫院的途中是牠與飼主兩人獨處的「特別時間」，每次要去醫院就非常開心。我養過的某隻鸚鵡就是這樣。

至於讓鸚鵡感到害怕或厭惡的事物，也可能因為時間久了、習慣了，而不再覺得害怕或厭惡。不過，個體之間的差異很大，有的鸚鵡過幾天就習慣了，有的則要等好幾年才會習慣。

環境的改變會形成壓力

當環境有了「重大改變」，會讓鸚鵡承受莫大壓力。包括鳥類在內的所有動物，型態固定的生活能讓牠們有安全感。小變化能為單調的生活注入新鮮感，但如果變化太大，會造成不良影響。

比方說上班時間改變所造成的生活作息變更、搬家、家人離婚或結婚，嬰幼兒等新成員加入等變化，都可能是讓鸚鵡倍感壓力的原因。當這些變化發生時，要想辦法別讓鸚鵡感覺到「有所改變」，還要仔細觀察牠的精神及生理狀態（關於壓力，請參考 132 頁）。

這些都會讓鸚鵡有壓力……

玄鳳鸚鵡的恐懼心理

　　為何只有玄鳳鸚鵡等部分鳥類會有嚴重的夜間恐懼症？迄今原因尚未解明。

　　這些鳥類當中，曾經遇過足以讓身心大受衝擊的傷害應該不算少，尤其在地震過後，被送進醫院的鸚鵡有劇增現象。

　　只要經歷豐富，就會知道「這種事根本沒什麼大不了」，因此鸚鵡的恐懼心理也會隨著年紀增長而變輕緩。儘管如此，還是要避免讓鸚鵡受到驚嚇，盡量細心呵護，別讓牠受傷。

 ## 玄鳳鸚鵡是膽小鬼

　　所有鸚鵡當中，以玄鳳鸚鵡最膽小。牠只要稍微有危機意識，就會馬上飛起來逃跑，以保持安全距離。因而玄鳳鸚鵡時常會發生離籠出走事件。

　　如果晚上地震或出現陌生聲響時，玄鳳鸚鵡會馬上清醒，在那一刻會忘記自己身處鳥籠裡，很想趕快飛離現場，結果臉或翅膀撞到鳥籠，這樣的撞擊事件又會讓牠承受二次驚嚇。如果有好幾隻玄鳳鸚鵡聚在一起，當其中一隻受到驚嚇，其他會不知道「發生什麼事了！」也跟著驚嚇，第一個感到害怕的玄鳳鸚鵡聽到振翅的聲音會更加害怕，引發「驚嚇連鎖效應或惡性循環」的現象。

 ## 利用室內光線控制鸚鵡情緒

　　鸚鵡的反應與本性有著密切關係，無法完全改正其容易受到驚嚇的本性。你能做的就是讓牠慢慢習慣聲音或震動，了解其受驚嚇時的心理，讓鸚鵡承受的傷害降至最低。可以參考以

下兩點建議。

晚上是容易讓鸚鵡受到驚嚇的時間帶。為了將傷害降到最低，房間光線要微亮。如果燈光太亮，雖然可以看清房內所有東西，反而更會嚇到鸚鵡。最佳光線是比全暗還高一階的微亮。另一個重點就在於不能將所有鸚鵡關在同一個鳥籠裡，一個鳥籠關一隻鸚鵡，而且鳥籠之間要保持適當距離，就能將驚嚇降到最低。

當鸚鵡受到驚嚇時，飼主要保持鎮靜，絕對不能慌。如果大叫「發生什麼事了？」並用力開門或衝進玄鳳鸚鵡所在的房間裡，只會讓牠更感驚嚇。這時候你只要輕聲細語地說：「沒關係，你待在這裡很安全。」陪在牠身邊，直到牠心情平靜為止。有件事要記住，絕對不能因為擔心就拿手電筒照鳥籠。手電筒的光線會讓鸚鵡聯想到肉食野獸的眼睛，只會讓牠更加驚嚇而已。

當玄鳳鸚鵡受到驚嚇時，飼主千萬不要跟著荒

想靠近受到驚嚇的玄鳳鸚鵡時，請慢慢地、輕輕地走過去。如果突然開門或開燈，只會讓鸚鵡更惶恐，但也不能無聲無息地靠近牠。當處於過敏狀態的鸚鵡發現躡手躡腳的腳步聲，會以為是敵人要攻擊牠，讓牠更害怕，驚慌地在鳥籠裡到處撞飛。

不想回鳥籠的鸚鵡心理

　　自己單獨住在鳥籠裡的母鸚鵡，一旦發情、生了鳥蛋後，會認為鳥籠就是牠的窩。此外，只要將手伸進鳥籠裡，就會激烈攻擊人的鸚鵡，也已經認定鳥籠是自己的地盤。每隻鸚鵡都會覺得鳥籠裡是安全的「自我容身之處」。

　　如果母鸚鵡不斷在籠裡產卵，或是猛烈攻擊人，固然讓人困擾，但基本上牠已經認定待在鳥籠裡是安全的，也不失為一件好事。

不想回鳥籠的鸚鵡心理

　　鸚鵡不想回鳥籠，大致是因為以下兩個理由。第一個理由是牠還想玩，所以拒絕回鳥籠；第二個理由是牠並不認為鳥籠是自己的容身之處。

　　跟人類一起生活的鸚鵡，基本上只要過一陣子就會知道鳥籠是人類無法入內、專屬於自己的空間。鳥類本來就是個人主義者，就算有同伴陪伴，會跟同伴交談，還是需要只有自己才能掌控的空間。除了特定品種，野生的鳥群停在樹枝休息時，彼此也會維持適當的距離。如果沒有這樣的專屬個人空間，鳥兒們會覺得心慌。

　　在家裡最好幫每隻鸚鵡都準備一個鳥籠，並主動為牠們布置專屬私人空間。當鸚鵡知道鳥籠是安全場所及專屬的個人空間後，就會習慣鳥籠的生活。

　　不過，塞滿玩具的鳥籠另當別論。鸚鵡幾乎都不喜歡鳥籠裡塞滿東西，只要有一樣令牠感到不悅的物品在鳥籠裡，牠就不會將鳥籠認定為安全場所，無法習慣鳥籠生活。

讓玩得不夠盡興的鸚鵡回到鳥籠的方法

　　想讓玩得不夠盡興的鸚鵡回到鳥籠，只要讓鸚鵡感到不安、孤獨、肚子餓或吃虧，也就是想辦法引誘出鸚鵡的負面情緒，就能讓牠乖乖回到鳥籠。

　　如果家裡養了好幾隻鸚鵡，當其他鸚鵡都回到鳥籠，只有一隻待在外面時，這隻鸚鵡會覺得自己受到特別待遇，可能會因此沾沾自喜而不想回到鳥籠裡。這時候如果你故意用充滿愛意的語氣說：「乖乖回到鳥籠的孩子真乖。」然後一隻隻愛撫，留在外面的那隻鸚鵡就會開始慌張。

　　你必須再趁勢而為，餵回到籠裡的鸚鵡吃青菜，這時候待在外面的鸚鵡就會知道自己吃虧了。此時牠可能會耍性子，還不肯回鳥籠，但是相較於下定決心不回鳥籠，此刻的牠一定如此認為「還是回到鳥籠比較好……」。透過這樣的經驗，鸚鵡就能學到教訓，只有自己一隻待在外面是得不到任何好處的，以後就會乖乖回到鳥籠裡。

　　如果家裡只養一隻鸚鵡，當牠待在外面時，絕對不要餵牠吃東西，請你務必遵守這個原則，要讓鸚鵡知道只有待在鳥籠裡才有東西吃，這樣牠就不會一直想待在外面，等時間到了（譬如覺得肚子餓時）自己就會飛回鳥籠裡。這個方法當然也適用於家中養好幾隻鸚鵡的情況。

當鸚鵡知道只有自己得不到好處時，
意志就會開始動搖。

為何喜歡咬東西？

鸚鵡很喜歡咬東西。如果咬報紙或便條紙倒無所謂，可是萬一沒有盯著牠，可能會連壁紙、柱子、梯子都咬。

鸚鵡之所以愛咬東西，主要目的是為了滿足自己的快樂欲望，透過咬來確認物品為何是第二目的。鸚鵡也會透過咬東西抒發壓力。牡丹鸚鵡會為了打扮自己而咬紙。

虎皮鸚鵡的雌鳥會躲在書櫃後面，從裡面咬書，目的是想製造空洞築巢。我家的鸚鵡每次只要到我的工作室就會開始咬書。動作快的雌性虎皮鸚鵡只要三天就能咬出一個空洞，築巢功力十分厲害。

人類無聊時也會想做點事或收拾家裡，也會埋首於手工作業中，鸚鵡也一樣，一咬起東西就會忘我。當鸚鵡忘我地咬著東西時，可能就會將孤獨感或不安感拋諸腦後，覺得很有安全感。

鸚鵡當然也會透過經驗學習得知，「咬東西」→「人類就會飛奔過來／只關心自己」→「覺得好幸福」，許多鸚鵡會故意啃咬東西來引起飼主注意。

禁止是不夠的

當你把鸚鵡放出鳥籠時，只要多加注意，就能輕鬆阻止牠咬東西。如果牠是為了引起注意或覺得無聊而咬東西，在阻止的時候，可以稍加教育。

如果喜歡破壞性遊戲且樂在其中的鸚鵡，最好給他咬壞也沒關係的東西（家中安全物品或你自己做的玩具）或專門讓鸚鵡啃咬的玩具。

在阻止鸚鵡咬東西時，有件事希望你能多加留意。有的鸚鵡一定要咬東西才能讓精神變得平穩。雖然這樣的鸚鵡不多，但是想咬的東西突然被搶走，牠會變得意志消沉或覺得強烈不滿，這些都是造成壓力的原因。建議準備替代品讓牠咬，同時也要諮詢獸醫，好好照顧愛鳥的精神健康。

人類的小孩透過玩玩具，可以促進大腦發育，鸚鵡也跟人類一樣，在牠數個月大時，就會使用鳥喙咬東西、拿東西或破壞東西，來自鳥喙或舌尖的刺激會傳達至大腦，促進大腦發育。對雛鳥或幼鳥而言，咬東西是非常重要的行為。

鸚鵡咬人、啄人

　　不習慣與人類相處的鸚鵡會咬人，是因為牠覺得人類很恐怖。牠認為只要咬人，就能遠離人類。至於習慣與人類生活的鸚鵡，如果無法順牠意或生氣時，或是因某種原因對某人生氣，就會咬人，但有時候也會亂發脾氣而咬人。對包括鸚鵡在內的動物而言，表達自我意志（或不滿、害怕）的最快速方法就是「咬」。

為何會從窗子逃走？

經常有人向我「報告」，家裡養的鸚鵡從大門或窗戶逃走了。每天在日本各地都有人因為自己的疏忽，讓愛鳥飛走而哀聲嘆氣。

詢問當時狀況，整理出以下的原因。

① 沒有留意家中的門或窗是開著。
② 家人不曉得愛鳥在籠外放風，開了門或窗。
③ 讓鸚鵡停在肩上時走到陽台或院子。
④ 之前開窗時沒有飛走，以為牠不會飛走就疏於注意。

我跟有愛鳥逃走經驗的人實際交談後，發現這些人都有個嚴重的錯誤觀念，他們深信「聽話的鳥不會逃走」。

「愛撒嬌又黏人的玄鳳鸚鵡或虎皮鸚鵡絕對不會逃走」，這根本是毫無根據的理論。當鳥兒看到可怕的東西或聽到恐怖的聲音，只要窗戶或門開著，讓牠們看見外面的世界，當然會朝外面飛去。比起躲在家裡的某處，牠們更想逃得遠遠地。

鸚鵡也有可能只是因為單純的好奇心或玩心，看到窗戶開著就飛出去了。外面有許多新鮮事物等著牠，一旦發現家裡有讓牠害怕的東西，當下很有可能就會因驚嚇而飛走。

鳥類的逃跑心理

當鳥類看到害怕的東西或聽到需要提高警覺的聲響，就會喚起牠的逃跑本能，這時候感性或理性完全起不了任何作用。

想逃或不逃，完全無法以牠和人類的親密程度來做衡量，在感到「害怕」的瞬間，幾乎所有的鳥類都會立刻逃離現場。「感覺害怕就先逃」的行為意識早已深深刻印於鳥類的腦海裡。

在野生環境遭遇敵人襲擊時，如果還停下來觀察對方動態的話，死亡機率當然會大幅提升。當鳥類遭遇危險時，會先逃到牠認為極遠的安全距離，再思考下一步該如何做。

從人類身邊逃離的鸚鵡回過神時，第一個想到的問題是「這裡是哪裡？」可是，一出生就住在人類家庭的鸚鵡，無法從陌生環境找到適合自己住的家，因此，牠會拚了命找飼主。飼主當然不會在附近，於是牠開始焦慮、不安。如果再看見或聽見讓牠提高警覺的事物，內心承受的衝擊絕對比當初想逃離家的時候還沉重。這就是鸚鵡會逃離至遠方的心理。

鸚鵡逃家時能做的事

　　就算多麼小心提防，還是可能會有意外發生。即使多麼小心翼翼，愛鳥逃跑事件還是會發生。

　　當愛鳥逃跑時，請遵循逃離的方向把牠追回來。在追的時候要出聲喊牠，讓牠知道你的所在位置。

　　通常鸚鵡第一次逃走時，會先飛到數十公尺～數百公尺遠的地方停下來確認安全狀況。這時候讓牠聽到你的呼喚，牠就可以判斷接下來到底該不該回家，而且牠也會稍微放心。如果飼主在這時候發現牠，就能把牠抓回；牠只要聽到飼主的聲音，就算不是回到原飼主身邊，此時牠也會這麼想：「什麼人都行，只要待在人類身邊，一定安全多了。」如果有人保護與收留牠，或許未來還有再相逢的機會。

鸚鵡的飲食喜好與學習

　　鳥類的主食是穀物類，可是為了成長發育，在雛鳥階段需要攝取大量動物性蛋白質，這時候可以讓雛鳥吃昆蟲幼蟲或小蜥蜴。鸚鵡當然也是相同的情況。除了昆蟲類，野生親鳥還會餵雛鳥吃下各種食物。有專家指出，玄鳳鸚鵡等小型鸚鵡即使長成成鳥，還是會啄食棲息於當地的動物屍體。

　　可是，如果是飼養的鸚鵡（成鳥），就算看到黃粉蟲或蝴蝶幼蟲、芋蟲，也會嚇得逃走。對於小時候沒吃過的東西，鸚鵡不會認為那是食物。如果能在鸚鵡尚年幼的時候，餵牠吃下菜粉蝶的幼蟲，等牠長為成鳥後，就會願意吃下這類幼蟲，讓愛鳥補充缺乏的動物性蛋白質。不過很遺憾，現實生活似乎難以辦到。

小時候吃過的東西會影響飲食喜好

　　在幼鳥飼料轉換為成鳥飼料期間的飲食習慣，會影響其長為成鳥時的飲食喜好。要餵愛鳥穀物類飼料或做成藥丸型的顆粒飼料，決定權在於飼主。當愛鳥長大後，很難改變其口味，在雛鳥至中鳥時期，就該在飼料方面多花點心思。

　　藥丸顆粒型飼料與穀物型飼料，哪個才是對愛鳥有益的食材，請各位飼主自行判斷。若從營養均衡觀點來看，有愈來愈多的獸醫院推薦餵食藥丸顆粒型飼料，不過，最後決定權還是在飼主身上。

　　一直餵相同的食物，鸚鵡當然會覺得膩。如果希望「變換口味」，也可以搭配穀物型飼料。

　　關於穀物型飼料，雖然同樣是稗子或玉米，味道或口感也

會因產地不同而有些微差異，可以將各種飼料排出來讓愛鳥選擇，牠會自行選擇心目中最美味的飼料。飼主只要了解飼料所含的營養成分比例，妥善控制總熱量即可。不妨多準備各種產地的飼料，在口味上多點變化，讓愛鳥吃得更開心，這也算是一種能讓你與愛鳥間建立良好溝通關係的好方法。

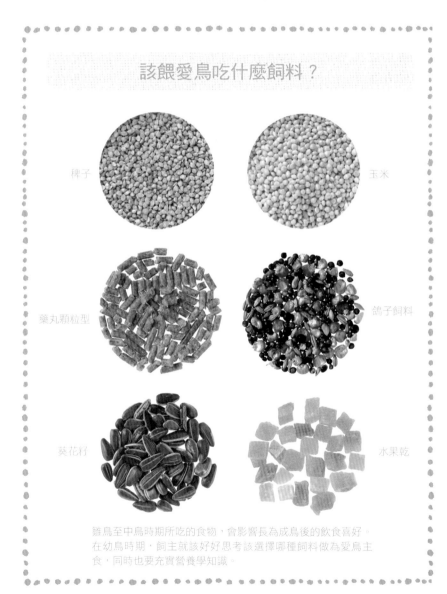

該餵愛鳥吃什麼飼料？

稗子

玉米

藥丸顆粒型

鴿子飼料

葵花籽

水果乾

雛鳥至中鳥時期所吃的食物，會影響長為成鳥後的飲食喜好。在幼鳥時期，飼主就該好好思考該選擇哪種飼料做為愛鳥主食，同時也要充實營養學知識。

如何才能得知鸚鵡變老或生病？

　　鳥類不會覺得「自己變老了」。牠雖然知道黑夜過去就是新的一天到來，卻沒有月或年的概念。

　　鳥類的老化速度跟哺乳類不同，就算是接近品種壽命終期的個體，也不會出現老態龍鍾的模樣。進入壯年期後，體力可能不若年輕時好，但還是保有一定的運動能力，不會影響日常生活。不過，鳥類的眼睛會出現衰老症狀，在高齡期可能會出現白內障等眼疾。

　　鳥類就算生病了，也不會煩惱未來的事，牠會接受「當下的狀態」，繼續生活。看不見就看不見，動不了就不要動，牠總會找到方法讓自己活下去。

　　即便因年紀增長使得身體出現各種毛病，就算因受傷或生病導致四肢無法行動，活著就是要吃飯、睡覺的本能行為也不會因此有絲毫改變。

　　比方說，因為意外沒了一根趾頭，在開始治療傷口的那一刻，牠就已經完全接受這一切，下定決心以這樣的狀態活下去。就算因白內障而失明，還是可以憑著大腦所記的地圖，活得好好地。

　　儘管鳥兒願意接受這些事實，但是以前能做的事，現在不能做了，還是難免會感到落寞。無法跟以前一樣，與其他鳥類同伴或人類一起行動，會讓牠有不安全感，有的鸚鵡會因此顯得無精打采。

　　面對這樣的鸚鵡，請用語言或態度來鼓勵牠。清楚讓牠知道，就算牠的模樣變了，你還是跟以前一樣愛牠，如此一來，鸚鵡就會變樂觀積極，讓自己活得開心愉快。

高齡鳥、病鳥的照護

　　當鸚鵡因生病或受傷導致行動不便時，請為牠布置無障礙的生活空間。基本原則是讓牠可以順利地吃到飼料或喝水。

　　不過，為了愛鳥好而突然改變其生活環境，也會造成負面影響。因為環境改變會讓鳥兒有壓力。就算不是很方便，還是請儘量維持原來的生活環境，只要稍微改變即可。在思考如何布置愛鳥的生活環境時，務必要將愛鳥的個性也列入考量。

不變的愛情是讓愛鳥安詳度過餘生
的精神支柱。

對於受重傷或年老的愛鳥而言，
人類「不變的愛情」是最佳萬靈丹。

鳥類會隱藏病情

大家都知道鳥類會隱藏病情。不過，牠並不是企圖隱瞞，而是因為不在意，才會讓人覺得牠是刻意隱瞞。

不能飛的行為或生活的大改變，對於鳥類而言是莫大的衝擊；不過，只要不影響日常生活，牠通常不會對眼前的狀態感到煩惱。牠會配合目前的狀況，儘量維持以前的生活樣態。

就算有自覺症狀出現，牠也無動於衷。儘管有點痛或咳嗽，甚至覺得全身無力，牠也不會在意。因此，飼主就會以為牠跟平常一樣，直到病情惡化時，才有所察覺。這時候才會有「鳥類真的很會隱藏病情」的感觸。

用心觀察

只要你仔細觀察愛鳥，一定會發現牠走路姿勢或飛行姿勢略有不同，或是咳嗽、打噴涕，或聲音有異狀，有的鳥會拔自己的羽毛或一直看著自己身體的某個部位，抑或是糞便狀況跟平常不一樣，或是愛鳥有點水腫等，一定都能察覺到。

鸚鵡是生物，當然會生病，有的鸚鵡還會罹患特定的遺傳性疾病。不過，只要早日發現，就能在病情惡化前加以處理。所以鳥類專科的獸醫師才會不厭其煩地呼籲大家：「平常一定要仔細觀察愛鳥的狀況。」也建議讓愛鳥定期做健康檢查。

不只觀察身體，也要留意其情緒

當一個人突然變得焦燥不安時，很自然會聯想到自己是不是生病了，這個道理也適用於鸚鵡身上。雖然鸚鵡的行為跟平常無異，但如果變得易怒，很可能是身體某個部位在痛或不舒

服。

在發情期前後，因為賀爾蒙分泌的關係，會讓鸚鵡的情緒劇烈起伏。不過，如果不是發情期，卻變得易怒或焦慮，最好趕快帶愛鳥去做健康檢查。

焦慮
慌張　躁動不安
無精打采

每天仔細觀察愛鳥，只要稍有異狀，
立刻就能察覺，這樣的態度非常重要。

鸚鵡也會遷怒於人

　　鳥類是非常沒有耐心的動物。雖然不會生氣很久，但在牠發怒的時候，如果有人出現在牠面前，牠都會當成陌生人對待。

　　比方說，當你讓平常很溫馴的玄鳳鸚鵡或虎皮鸚鵡看到牠喜歡的東西或食物，挑起牠的欲望，卻不把這個東西給牠，反而把東西藏起來或自己吃掉，牠就會很生氣或傷心。

　　遇到這種情況，玄鳳鸚鵡的雄鳥最容易動怒，牠除了會攻擊人類，還會大聲鳴叫，甚至用鳥喙攻擊或追趕身邊毫無關係的鳥兒。當牠攻擊人類時，嚴重的話可能會咬人咬到流血。

　　即使是野生的鸚鵡，平常也會遇到令人不悅的事，當牠生氣時，就算對方是企鵝或海鷗等大型鳥類，也會遷怒於對方，並不斷攻擊對方。

鸚鵡的心情與感情

鸚鵡是因何原因而開心、生氣、感到不安呢？
深入了解鸚鵡的精神與感情世界，
一定可以跟鸚鵡建立深厚的信賴關係。

何種情況下，鸚鵡是高興的？

　　對於喜歡人類、跟人類成為好朋友的鸚鵡而言，聽到有人呼叫牠的名字或陪牠玩，都會非常開心。

　　鳥類跟人類一樣，原本就是群居生物。視線可及之處有同伴在、透過聲音或態度互傳信息、大家一起行動，都能產生安全感。鸚鵡只要能跟人類一起生活，與人類進行心靈交流或肢體接觸，就會覺得自己很幸福。

　　鸚鵡會透過眼神、腳步、整個身體來表達內心的喜悅。鸚鵡開心，飼主也開心，當牠感受到飼主的開心，牠會更喜悅。這樣的正面循環氛圍會瀰漫整個家裡，可以讓鸚鵡賀爾蒙正常分泌，安定其情緒，連帶影響家人的血壓穩定變化，維持愉快的心情，這就是所謂的「動物療癒效果」。

飼主開心，鸚鵡也開心。鸚鵡開心，飼主也開心。
快樂的氛圍會傳播出去，這就是幸福的根源。

滿懷希望的幸福

希望別人叫著自己的名字，想離開鳥籠到外面玩，想待在飼主視線可及的地方，想玩遊戲（想跟人一起玩），想向飼主撒嬌，想吃東西，其實鸚鵡也有許多欲望或需求。

「希望今天也跟平常一樣，沒有發生令人不悅的事，度過安樂的一天。」這就是鸚鵡所懷抱的最大心願之一。當鸚鵡感到開心時，就是牠滿懷希望的時刻。

鸚鵡認為牠叫人的時候，對方會有回應，於是出聲呼喚，人類如果能給予回應，牠會很有成就感，也感到幸福無比。被喜歡的人愛撫著，讓身體獲得舒適感，就會有好心情（不過，如果牠是母鸚鵡，每天都把牠愛撫得很開心，牠會有「想為這個人生蛋」的念頭，千萬別讓牠會錯意。）

相反地，如果你平常都能滿足牠的希望，卻突然有一次讓牠不滿意，牠會不滿或生氣，這時候牠會有落寞感，這份落寞感會轉換成壓力囤積在心裡，有可能因此導致愛鳥生病或行為乖張。

為了重拾幸福感而行為乖張

就算飼主因為有太多煩心的事而無法陪愛鳥玩，不能滿足其需求，很遺憾地，鸚鵡並無法理解飼主的狀況，因此無法諒解飼主。

鸚鵡很聰明，而且觀察力敏銳，因此牠會清楚感到自己所受的待遇跟以前不太一樣。於是就會產生失落感，為了滿足需求會大聲鳴叫，或做出不同以往的行為，企圖引起飼主注意。

除了因教育方式不對，導致愛鳥出現怪異行為的情況，多數鸚鵡會行為乖張，通常是因為幸福感不足，讓情緒在不滿與失落之間徘徊所出現的異常行為。

張大嘴巴的威嚇表情

鸚鵡有時候也會張大嘴巴，做出「嚇人」的表情。搞不好你每天都有看到這樣的表情。

當鸚鵡覺得不順心或想趕走某人某物、內心感到害怕時，就會出現這樣的表情。

不只鸚鵡，文鳥或斑胸草雀也會有這樣的表情，有一次我看了野鳥生態報導的節目，才知道牠們跟野生的大型鳥一樣，都會有這樣的表情。

可能會有許多人因此認為「鳥類是易怒的動物」，也應該有人會嘆氣：「為何我家的鳥寶那麼愛生氣啊！」

 ## 通常只是暫時的情緒發洩而已

當鸚鵡做出威嚇表情的時候，並不表示牠是真的在「生氣」。當然有時候是真的生氣，但通常只不過是在發洩情緒。

有時候只是想小小威嚇對方而已，純屬自然反射行為，並沒有特別的意思。

筆者在第二章提過，鳥類因為全身徹底輕量化的演進結果，臉部的表情肌幾乎都因此消失殆盡。牠無法像人類那樣，透過各種表情來傳達內心複雜的情緒。因此，只要稍覺不如意或不高興，或只是單純想威嚇對方，抑或並非生氣卻想裝出生氣的表情，或不想讓別人知道牠害怕時，認為必須為保護自己而戰時，都會做出相同的表情，張大嘴巴，將臉往前突出，做出讓人認為是「威嚇」的表情。

鳥類就算真的生氣了，基本上怒意是「來得快也去得快」，不像人類會記仇，每次想到都會生氣。只要眼前的怒意引爆因

素消失，之後就會忘得一乾二淨。

做出威嚇表情的鸚鵡們。下圖是筆者家裡的玄鳳鸚鵡（攝影：筆者）。

鸚鵡真的動怒的時候

　　家中養的鸚鵡如果覺得飼主對自己漠不關心或無法順其心意時，就會生氣，也會感到嫉妒。嫉妒或不滿是導致生氣的原因，這時候牠會將攻擊矛頭轉向惹牠嫉妒或不滿的對象。有時候為了排除不安感或落寞感，甚至會猛烈攻擊飼主。

　　比方說有新鳥成員加入，飼主很關心新成員時；或是其他的鳥生病了，飼主全心照顧這隻鳥，不再像以前那樣關心自己，牠都會生氣。

　　雖然是喜愛程度排名第二、第三的鳥寶，但是在飼主心目中都是一視同仁的寶貝，只要愛鳥生病，飼主一定會全力照顧。儘管飼主希望愛鳥明白，可是因為一直以來都是牠備受寵愛，所以根本不會有這樣的自覺。打從一開始就不准飼主關心自己以外的鳥寶，看到飼主那麼照顧其他的同伴，當然會生氣。

當飼主關心其他的鳥寶時，會感到嫉妒，也會遷怒於其他家人。

在這種情況下，愛鳥可能會攻擊其他家人。鳥類的心理非常複雜，儘管對喜歡的對象生氣，卻不想攻擊當事人，但這股怒氣實在無法忍耐，只好遷怒於其他人，才能一解心中的怒意。

如果是個性強勢或脾氣暴躁的鸚鵡，只要被人笑就會攻擊人。鳥類認為「張開嘴巴，讓對方看到舌頭」的行為是「威嚇」行為，牠會覺得你在「挑釁」而攻擊你。

對別人生氣？對自己生氣？

如果老是發生讓鸚鵡生氣的事件，又無法適切讓牠紓壓的話，這些怒氣就會轉變成壓力囤積，這一點跟人類很像。

有的飼主會說：「我家的鸚鵡很乖，其他鸚鵡生病時，牠會默默等待，等同伴病好了才吵我陪牠玩。」有的鸚鵡天性確實如此溫馴乖巧，但也可能是牠將不滿藏在心裡，沒有對外發洩。如果是後者的情況，請多留意愛鳥日後的行為舉止。若當時的怒意或不滿沒有立即發洩，大概過了半年後，愛鳥可能會出現自己拔毛的發洩壓力行為。

太放任愛鳥，會變成脾氣暴躁的憤怒鳥

如果從雛鳥時期就對愛鳥百依百順，等愛鳥長大後，會變成抗壓力極差的任性鳥，很容易因為一點小事就生氣。

我們當然要用愛心養鳥，但是規矩必須從小訓練，飼主要為愛鳥規劃放鳥時間或就寢時間，並且要讓鳥寶確實遵守，也要訓練愛鳥習慣沒有人陪伴的獨處時光，從小照規矩養育愛鳥，牠才能成為成熟穩重的成鳥。在這種環境下長大的鸚鵡會比任性教育下長大的鸚鵡來得脾氣溫和，不容易耍任性與胡鬧（關於任性教育，請參考第124頁）。

無法控制自我的發情期

　　鸚鵡在發情期最容易生氣。連平常很溫馴的玄鳳鸚鵡都可能把飼主咬到出血，虎皮鸚鵡還會飛襲飼主，桃面牡丹鸚鵡則會緊咬人不放。因為體內賀爾蒙的關係，不斷做出異常行為。

　　只要人們或其他鳥類靠近牠們認為是自己鳥窩的地方，就會發怒，進而襲擊對方。這時候飼主的手會成為攻擊目標，但也可能攻擊眼睛或嘴巴等的其他臉部五官。平常不在乎的事也會變得耿耿於懷，容易為了芝麻小事就生氣，還有的鸚鵡會因為自己變得易怒而生氣。

　　當鸚鵡處於發情期時，確實會讓人不知該如何與之相處，但還是要提高警覺，關於發情期的處理方法將於第五章詳述。可以先參考第 140 頁。

發情期常見的鸚鵡異常行為

平常溫馴的鸚鵡把人咬到流血。

飛襲人的臉。

緊咬人的嘴巴不放。

一直憋著不生氣的
玄鳳鸚鵡的例子

　　雖然鸚鵡的怒意來得快也去得快，但對於老是讓牠不愉快或惹牠生氣的對象，那股憤怒的記憶會長留腦海。

　　筆者最早養的鸚鵡是一隻玄鳳鸚鵡公鳥，牠經常黏著我，有一天牠得了傳染性疾病，只好進行隔離，一隔離就是好幾個月的時間。在牠被隔離期間，有一隻年輕的公鸚鵡就對其他鸚鵡和飼主擺出「現在那傢伙不在，我就是這個家的老大」的架勢。對於這隻年輕鸚鵡的囂張行為，被隔離的老大鸚鵡全部看在眼裡。

　　我猜想牠在隔離期間一定每天都被氣得「咬牙切齒」，因為不能出來，只好忍耐。

　　結果等牠病好放出來，馬上就跟那隻囂張的年輕鸚鵡吵架。那隻「假老大」鸚鵡當然不認為自己會打輸剛病癒的老鸚鵡，也作勢要反擊，簡直就是不知死活。

　　飼主當然站在老鸚鵡這邊，最後是牠贏得勝利。不過，牠好像真的很氣這隻囂張的鸚鵡，後來每次只要看到牠，就一定會出手攻擊。我猜想一直到老鸚鵡死前，都會非常痛恨那隻囂張的鸚鵡吧！雖然在老鸚鵡生病前，一直視那隻囂張鸚鵡為家中的一員，對牠不是特別喜歡，也不覺得討厭，但是等到病癒後被放出來，對那隻囂張鸚鵡的態度就是一百八十度大轉變，而且異常地固執。

鳥類無法理智停止攻擊行為的理由

　　一般說來，鳥類生氣是來得快、去得快；不過，牠不會控制自己的脾氣，一旦因生氣而開始展開攻擊就會停不下來。

　　當牠展開攻擊，被攻擊的一方會逃走。逃走有兩種情況，一是馬上逃走，另一情況是被二次攻擊才逃走，不論是哪種情況，只要讓惹愛鳥生氣的那個對象消失，不讓愛鳥看到，怒氣就會瞬間全消。除非將兩隻鳥關在同一個狹窄的鳥籠裡，基本上不會發生大事情，被攻擊的一方也不會受重傷。

　　可是，有的鳥寶天生個性強勢，當彼此都是個性強勢的鳥兒吵架了，會完全無法阻止，彼此都會兩敗俱傷。尤其在脾氣較為不穩的繁殖期，可能會為了爭地盤築巢而喪命。

　　若是像玄鳳鸚鵡或虎皮鸚鵡之類的小型鸚鵡，只要事態不嚴重，並不太會發生把對方鬥死的慘劇。不過，絕對禁止將好幾隻強勢的公鸚鵡關在同一個鳥籠裡。

無法停止攻擊的心理

　　鳥類幾乎都是群居，因此擁有一定的社會性。不過，鳥類所擁有的社會性與同樣群居的狗所擁有的社會性截然不同。

　　狗會記住同居夥伴的長相和氣味，認得每個個體。鳥類基本上不會記住每位同伴的特徵，而且是連想記的念頭都沒有，牠只會記住自己的另一半。儘管群居的鳥屬於「團體」，但這個團體的向心力非常鬆散，大家都是我行我素，也沒有領導者。

　　狗為了阻止內鬨與彼此傷害的事情發生，本能或行為模式中都有著明顯的「認輸投降」機制存在，不會有無辜喪命的事情發生。

　　可是鳥類的大腦並沒有「認輸投降」的機制，如果在狹窄的鳥籠裡起爭執，一定要戰到有一方受重傷才會停戰。

第4章　鸚鵡的心情與感情

小型鸚鵡當中，以牡丹鸚鵡最好強。環頸鸚鵡或太平洋鸚鵡也很好勝。

玄鳳鸚鵡攻擊性不強的理由

　　大家常說：「玄鳳鸚鵡很乖巧。」可是實際跟牠們生活後，才發現並非每隻玄鳳鸚鵡都很乖巧；不過，相較於其他鳥類，攻擊性確實沒有那麼強。因為個性像「烏龜」一樣溫馴，才會深受日本人喜愛。

　　相較於牡丹鸚鵡或虎皮鸚鵡，玄鳳鸚鵡沒什麼攻擊性，關於個中原因，只要觀察野生玄鳳鸚鵡的生活族群就能得知。

玄鳳鸚鵡族群是以家族為單位？

　　群居的玄鳳鸚鵡是以小群體為基本單位。雖然有時候會湊成大群體，也是由好幾個小群體聚集而成的大群體。

　　這些小群體成員通常是自己與另一半，以及與另一半生的

野生玄鳳鸚鵡群體。由公鸚鵡與母鸚鵡組成的小群體。
拍攝地是澳洲（攝影者：岡本勇太）。

孩子們，主要是一家人，彼此都有血緣關係。換言之，相較於其他鳥類，玄鳳鸚鵡的小群體對於同伴之間的認知度較高。雖然同屬於鳥類群體，但是玄鳳鸚鵡的群體性質可能與狗的群體性質較為相似。

玄鳳鸚鵡在野生環境中，從築巢開始的幾個月時間裡，雛鳥都要仰賴雙親餵餌。因此，相較於其他鳥類，玄鳳鸚鵡的家庭觀念較濃，就算將來分居，將窩巢蓋在雙親家附近的比例極高。鸚鵡是擁有高智慧的鳥類，會記得自己的雙親是誰，不會認錯父母。

許多飼主會覺得，要讓愛鳥從餵食到會自行吃飼料的轉換過程是最辛苦的時候，為了解決這個難題，到處都有人在討論這個話題，並且交換情報。不過，這是玄鳳鸚鵡的天性，從野生時期開始就保存的「玄鳳鸚鵡的本性」。

玄鳳鸚鵡會選擇住在有血緣關係或認識的同伴窩巢附近，形成一個小群體，從這點來看，其社會性確實比其他鳥類高。個性溫馴的玄鳳鸚鵡其實沒有太多祕密，是很好懂的鳥類。

鸚鵡也會傷心嗎？

當我們失去心愛的人，會感到悲傷，甚至還會有著強烈的失落感。有報告指出與人類血緣相近的動物，像是黑猩猩母親喪子時，會抱著孩子的屍體好幾個月，都不想離開。連類人猿也會有悲傷的情緒。

相對地，包含玄鳳鸚鵡或虎皮鸚鵡在內的鳥類，當同伴身亡時，並不會感到「悲傷」。雖然經由人類飼養後，在精神層面上會有各種改變，但牠們的生死觀仍跟野生鳥類一樣。

雖然很殘酷，但是鳥類之所以會群體生活，是為了在遭遇捕食者襲擊時，能藉由某個個體犧牲，解救整個群體。此外，群體中每天都會有許多同伴因為生病、遇襲、意外而喪命。有的鳥類可以擁有 20 ～ 30 年的壽命，但大多數鳥類的壽命只有 3 ～ 7 年。

換言之，在野生時期，「死亡」隨時近在眼前，根本就是稀鬆平常的事。在野生時期，與其為了同伴的死而悲傷，如何讓自己活命、繁衍子孫，才是最重要的。因此，鳥類並不會因死亡而悲傷。

 ## 雖然不會悲傷，還是會覺得「寂寞」

對寵物鸚鵡而言，親近的同伴死了或離開了，絕對是一件大事。一直玩在一起的同伴不在了，生活步調絕對會有所改變。這樣的改變會讓鸚鵡有「寂寞」的感覺，有的鸚鵡還會因此感覺壓力沉重。

如果一直以來都只飼養兩隻鸚鵡，兩隻鸚鵡總是玩在一起，那麼當其中一隻鸚鵡離開之後，另一隻鸚鵡會變得很愛撒嬌，

老是喜歡黏著飼主，這時候請多關懷牠，排解牠內心的寂寞。

如果發生這樣的事，務必要多多關心牠，還要經常陪伴牠。讓愛鳥的心靈獲得療癒，早日恢復往日的活潑模樣。

親密的同伴死了，鸚鵡會突然變得愛撒嬌，這就是牠感到寂寞的證據。

當鳥類感到不安時

　　鳥類最看重自己，除了另一半，不會對其他同伴產生愛意。可是，鳥類又是群居才能感到安心的生物。當敵人來襲時，身邊有許多同伴在的話，敵人襲擊自己的機率就會降低。當某位同伴犧牲了，自己就不會受傷。這就是鳥類的行為模式，是不是很像典型的個人主義者？

　　因此，只剩下自己時會感到不安。萬一遇到敵人，自己就會成為攻擊目標⋯⋯鳥類本能會告訴牠絕對不能落單。

　　只要「不落單」，誰當同伴都行，就算是不同品種也行。在野生時期，偶爾會有好幾種的鳥類彼此組成一個群體。飲食習慣相同的鳥類群體行動的話，比較容易找到食物，而且數目變多，遇襲時自己能存活的機率也會提高，當然會歡迎其他同伴加入。

　　住在人類家裡的鸚鵡當然也會希望只有自己一個就好的個體，並不歡迎同伴。有這種心理的鸚鵡只要未曾有過生命危險或環境驟變的經歷，就不太會因孤獨或分離而感到不安。不過，即使是這樣的鸚鵡，還是會希望家裡隨時都有人在，飼主外出時，也會希望飼主趕快回家，才能讓牠有安全感。

為了消弭不安而黏人

　　鳥類本來就是標準個人主義者，可是當牠跟人類一起生活後，也會信賴人類、愛人類，或許有人會覺得這樣不符合其天性，但鳥類並非十分冷酷的生物。

　　鳥類也有一顆柔軟的心。為了活下去，牠會配合環境改變自己的心態。只要能夠消弭獨處時的不安感或孤獨感，就算待

在身邊的是人類，牠也會向人類妥協。只要能讓牠感到安心，對方是誰都無所謂。

　　再深入研究的話，不管去哪裡都要有人陪，看不到人就大叫，與人分離就會有強烈「不安感」的鸚鵡，牠並不是馬上就能對同伴（同種鳥、異種鳥或人類）敞開心房的鳥，純粹是天生膽小，心靈脆弱或是比較笨拙，只要能夠不獨處，誰陪在身旁都可以，為了消弭內心的不安，什麼都能妥協。

誰都行，可以陪伴在我身邊嗎？

鳥類容易有不安全感，才會那麼黏人。因為想消弭不安，所以才會跟人類交朋友。

故意惹飼主生氣的心理

　　如果用一句話形容鸚鵡，那麼「永遠的○歲小孩」（○裡的數字是 2 ～ 5）最貼切。仔細觀察鸚鵡的行為可以發現牠們跟人類的幼兒有許多共同點。同時，鸚鵡也具備成熟動物的智慧。所以大家才會覺得鸚鵡是讓人「又恨又愛」的寵物。

　　鸚鵡老愛跟人「唱反調」，明明告訴牠不能咬，卻偏偏要咬；叫牠不能飛過去，卻故意要飛過去。應該有許多飼主對愛鳥老是「教不會」的調皮行為感到困擾，然而事實上，許多情況都是你已經「教會」牠了，只是牠因為好玩而故意唱反調。

鸚鵡一直在學習

　　「做了某件事」→「飼主會大叫『不可以』，然後跑過來」→「又再做一次」→「飼主又跑過來」，當這樣的情況一再發生，鸚鵡會以為你在跟牠玩「遊戲」。

　　牠只要裝出要做「那件事」的樣子，飼主就會盯著自己看，一越過界線，飼主就會跑過來，鸚鵡會調皮搗蛋，目的不過只是「想引起飼主注意」，結果飼主卻跑過來，牠覺得這樣很好玩，以後只要想跟飼主玩，就會出現上述一連串行為。

　　常有飼主抱怨地說：「我家的鸚鵡都教不乖，不准牠那麼做，卻故意要做……」其實我們常見的鸚鵡調皮行為（惡作劇），就跟上述例子一樣，乃是鸚鵡透過「學習」後的成果。由此可見，鸚鵡心理就跟人類的「幼兒心理」一樣，為了引起雙親注意，一直做出雙親「禁止」的行為。

　　當你放鸚鵡出鳥籠時，一定要緊盯著牠。只要視線不離開愛鳥，就能避免愛鳥接近危險物品，發生受傷的意外。如果你

確定愛鳥不會受傷的話，那就轉換一下心情，別把自己弄得緊張兮兮，開心和愛鳥玩耍，讓牠盡情惡作劇，這也算是一種溝通行為，或許能讓你們的感情更好呢！

飼主也要適時轉換心情，不要老是緊張兮兮

不可以！

碰到愛故意惡作劇的鸚鵡時，先別生氣，適切的配合也算是一種溝通方式。

為了引起對方注意，
也會使出苦肉計

當親鳥帶著孩子出門卻遇到天敵時，牠會裝做自己受了傷，讓敵人將注意力投注於自己身上，確保孩子的安全。這種行為稱之為「擬傷行為」。

對鳥類而言，「為了引起對方注意而假裝身體不舒服」並非難事。

雖然有句俗話說「動物不會說謊」，可惜這只是人類一廂情願的想法。為了讓自己或孩子活命，動物會拼命說謊，甚至以假裝身體虛弱、好捕捉，來引開敵人。

鸚鵡會說謊

你養的鸚鵡也會說謊。不過，住在家裡的話，危險機率不像野外那麼高，因此鸚鵡會說謊，全是為了引起飼主注意。

大型鸚鵡偶爾會出現這樣的行為，將羽翼擺在奇怪的位置，然後再伸出腳，讓你以為「糟糕了，牠被東西夾住了，怎麼辦？」其實牠是在跟你玩，故意做出這樣的姿勢，引起飼主注意與擔心，跑過來關心自己。

玄鳳鸚鵡等的中型鸚鵡常會故意不吃東西，引起飼主注意。因為透過日常經驗，牠知道當自己不吃東西，飼主會以為自己生病了，沒有食慾，便會跑過來關心牠。

要鳥憋著食慾不進食，是件痛苦的事，可是這麼做就可以有更長的時間與喜歡的人相處，又能吃到跟平常飼料不一樣的「營養美食」，當然甘願使出「不吃東西」的苦肉計。透過這些行為，可以再次證明鳥類是高智慧的動物。

 操控飼主

　　寵物鸚鵡不見得每次都會乖乖聽飼主的話，牠為了讓自己過得更舒服，會透過各種方式來干涉飼主的行動或意志。

　　鸚鵡會希望飼主能照自己的意願行事，也就是說，鸚鵡本來就有想「操控飼主」的想法，才會有這樣的行為表現，結果人類也常掉進鸚鵡的陷阱裡，任其擺布。

鸚鵡操控飼主的心理

為了讓生活更舒適或為了順自己的心意，
鸚鵡常會干涉飼主的想法或行為。

為何鸚鵡會說人話？

　　為何鸚鵡會說人話？原因很簡單，因為鸚鵡覺得學說人話「很好玩」。

　　在人類的成長過程中，有透過玩樂成長的幼兒期，也有好奇心特別旺盛的時期，只要學會新東西，就會開心不已。鸚鵡也跟人類的幼兒一樣，認為學說話是件開心的事。

學說人話或學吹口哨的學習結構

　　幾乎所有的鸚鵡都是群居而活。只有一隻鸚鵡時，會覺得非常孤單。如果家裡養了兩隻以上的鸚鵡，當然能減輕愛鳥的寂寞感，如果沒有同伴，同住的家人就要成為愛鳥的精神伴侶。

　　鸚鵡會透過觀察，知道什麼樣的聲音或話語是家人之間傳達意念的重要信號（關鍵），然後牠會努力讓自己發出相同的聲音。牠很清楚自己這麼做以後，就可以更加融入飼主的家庭，也能減輕孤獨感。

　　另一方面，不多話的母鸚鵡並不會記住人們說的話，也不會學人說話，但是牠們會仔細聆聽人們說話的聲調，以及觀察人類的行為或表情，來解讀人們的想法。

　　總之，對於不會說人話的母鸚鵡與其他鳥類而言，常跟牠們聊天是非常重要的功課。常跟愛鳥聊天，牠們就能獲得更多情報，也能更了解人類。

快樂機制的結構

　　再將話題轉回到會說人話的鸚鵡吧！

　　人類其實很單純，發現鸚鵡會模仿自己說話或吹口哨，就

會非常開心，鸚鵡會透過人類的聲調或表情，辨別人類是否開心。當鸚鵡說人話獲得讚美時，牠會非常開心。知道有人對自己說的話有所回應時也會開心。

這會讓鸚鵡覺得自己是群體中的一員，因而感到安心。於是很自然地，牠會想再多說些話。說愈多，人類愈開心，鸚鵡也會更得意。因為上述的連串反應，才促使鸚鵡學說人話。

通常雌鳥會喜歡多才多藝的雄鳥，如果是會鳴唱的鳥，歌聲愈多變的雄鳥人氣愈旺。雄鳥會為了讓自己成為人氣王，努力充實才藝。

會說人話的鸚鵡遺傳基因裡，應該都具備這樣的特質。不過，就算同是鸚鵡，玄鳳鸚鵡和虎皮鸚鵡的說話能力還是有明顯差異。虎皮鸚鵡可以記住各種不同的語言，因此大家都說，虎皮鸚鵡的說話能力優於玄鳳鸚鵡。

此外，玄鳳鸚鵡平常就喜歡使用鳥喙敲物，發出聲音。比起說人話，牠更喜歡接觸音樂之類的事物，喜歡吹口哨更勝於說人話。玄鳳鸚鵡還會自己編曲，牠會將記得的旋律重新編樂，這也算是牠的嗜好之一。

模仿人類吹口哨的玄鳳鸚鵡會在中途改變旋律。所以才會有人說：「玄鳳鸚鵡是音癡」、「我家的玄鳳不會吹口哨」，這真是天大的誤會。玄鳳鸚鵡並不是音癡，只是喜歡改旋律罷了。如果你能認同牠這項「才藝」，牠會更開心。

想吃人類食物的理由

　　鸚鵡不是只對人類食物感興趣，狗食或貓食等，只要是住在同一個家裡的生物所吃的食物，牠都想嚐一嚐。在鸚鵡的認知裡，牠認為只要是其他生物吃的食物，就代表絕對安全，不可能有毒。

　　所以我們常說：「鳥有撿食習慣」，只要眼前有食物，鳥類會很自然地咬一口看看。

　　鳥類平常吃的食物都不是重口味。穀物之類的天然食物當然不會添加糖分或鹽分，就算是重視均衡營養而製成的藥丸型顆粒飼料，也沒有任何味道。

　　不過，人類的食物有各種口味（添加味道）。嚐過人類食物的鸚鵡會認為「口味怪的食物」是「美食」。

　　雖然鳥類口腔內的味蕾數目少，但是鸚鵡卻能清楚分辨各種味道，對食物的喜好也很明確。

幼鳥是冒險家

　　出生後未滿一年的幼鳥就跟人類的小孩一樣，很有冒險精神。這段期間所吃的食物會影響成鳥後對食物的喜好感覺。

　　因偶然機會或刻意讓幼鳥吃到人類食物時，在那一瞬間幼鳥就會愛上這項食物。然後「人類食物好吃」的記憶模式就會深烙於幼鳥大腦裡，以後自然會想吃人類食物。

　　飼主為了鸚鵡健康著想，當然要遵照飼育書籍或獸醫的指示，不要餵食鸚鵡人類食物。可是，鸚鵡並不懂得「忍耐」，也不會考慮健康或不健康，有些鸚鵡會偷偷闖進人類藏食物的地方偷吃人類食物，甚至跟人類展開一場美食攻防戰。

　　這時候如果被人類發現，將食物拿走，鸚鵡會覺得「只有人類能吃美食，實在很過分」而生氣呢！

人類食物真的不好⋯⋯

　　餵鸚鵡吃人類食物真的很不好。可是，也確實有發生過愛鳥不想吃飼料，而且體重直降，在鬼門關前掙扎，會想吃人類食物才得以存活的情況。也有這樣的案例，在獸醫的監督與指導下，把人類吃的玉米片、蒸的吐司、蛋糕等食物當成救命藥劑讓鸚鵡食用，再搭配穀類或藥丸型顆粒飼料餵食，讓鸚鵡因此重拾攝食能力。

變成任性鸚鵡的理由

　　許多鸚鵡非常任性，讓飼主傷透腦筋。如果小時候沒有訓練鸚鵡學會忍耐，而是採取放任教育的話，長大後就會變成任性的鸚鵡。

　　愛鳥會變得任性，主要原因就是在於飼主對於鳥類的生理學、心理學、教育學等知識一竅不通，才會教養出任性調皮的鳥寶。

　　當你決定養鳥時，一定要先充實與鳥類有關的知識，還要將你懂的東西，傳播給大家知道。

　　關於鳥寶的任性行為，我們統稱為「問題行為」，當然鳥寶自己也要負起責任，但根本問題還是在人的身上，所以說鳥寶有「問題行為」，似乎對牠們不是很公平。

任性其實是想堅持自己的意見

　　當鳥寶出現任性行為時，飼主確實會非常困擾，但是對於想要解開鳥類心理或精神結構之謎的研究學者而言，被教育成任性鸚鵡的鳥類，反而是非常寶貴的研究資料。

　　任性的鳥寶對於「對人類的要求」、「渴求什麼？」、「希望是什麼樣的情況？」等需求，會直接了當地表達。

　　從這樣的行為可以知道跟人類一起生活的鳥類內心深處究竟有何要求。不論是個性成熟穩重或很會察言觀色的鳥寶，都可以透過這樣的行為去了解牠們深藏內心的想法。

　　說來實在諷刺，不過，從任性鳥兒身上獲得的情報，確實是可以讓牠們在未來的生活更幸福愉快的必要情報。

為了愛鳥的將來

　　坦然接受愛鳥現在的任性情況，並向專家請教鳥類任性心理或個性形成的原因，讓自己更了解愛鳥的心態，這才是給於教養不良的愛鳥的最佳補償。然後再將你得到的資訊傳達給其他飼主知道，讓大家學到最適當的飼育方法，不要再讓鳥兒及飼主遭遇困擾，這是最重要，也是我們能力所能及的事。

人類專業知識不足或過於放縱，就會教養出任性的鸚鵡。負責愛鳥教育的人們其實責任重大。

鸚鵡的音樂品味

　　虎皮鸚鵡或大型鸚鵡會學人說話，玄鳳鸚鵡則會模仿人吹口哨，還會用鳥喙敲打金屬，發生聲響，而且樂此不疲。

　　金絲雀等鳴禽類會正確記住負責教導的前輩們的叫聲，完美地複製鳴唱；相對地，鸚鵡科的話，尤其是玄鳳鸚鵡不論唱歌或吹口哨，都會走音，就算一開始唱得正確，但是下一秒卻會故意走音，把飼主逗得哭笑不得。因為這樣，許多人都以為玄鳳鸚鵡是音癡，但我在前面已提過，這是個天大的誤會。

　　鸚鵡是為了自我表現或取悅自己，才學唱歌、吹口哨或學人說話。有的鸚鵡覺得將聽到的聲音或旋律正確複製，取悅人類很開心，但也有許多鸚鵡喜歡將最初學到的東西自由編曲，表演自己的自創曲。對牠們而言，這也算是一種「遊戲」。

　　就算愛鳥越唱越走調，也不要因此感到傷心，或當場斷言「你歌聲很爛」。反而應該讚美牠「你會自創旋律，真厲害。」不過，愛鳥可能會因為得到讚美更得意忘形，繼續唱著五音不全的旋律給你聽，最後變成噪音。

玄鳳鸚鵡擅長編曲，喜歡自創旋律。

🪶 聽到相同高度的聲音會生氣？

　　從未養過鳥類的人，可能有人受了文學作品或動漫影響，認為鳥類本來就喜歡音樂，還會合音鳴唱。然而事實上，鳥類對音樂的感覺，跟一般人所認知的「喜歡音樂」略有差異。

　　譬如，當我們聽到玄鳳鸚鵡學人吹口哨時，常常也會以相同的音調跟愛鳥合唱。可是，當你合唱時，愛鳥突然一臉不悅，不再吹口哨。這是因為玄鳳鸚鵡喜歡自己唱，不喜歡有人合唱，才會一臉不悅。

🪶 玄鳳鸚鵡的敲打技巧

　　玄鳳鸚鵡等幾種鸚鵡喜歡用鳥喙敲物，製造回音。牠們很喜歡敲打金屬所發出的澄澈聲音或響聲。當牠們用鳥喙敲擊物體時，發現會因材質或大小的不同，發出不同的聲音，因此會很喜歡到處敲打，比較聲音的差異。

　　喜歡敲打的鸚鵡，會覺得「合奏」很有趣，牠會自己先敲，然後誘導人們也跟著發出相同的聲音（人類指甲的質感與鳥的嘴喙相似，可以用手指敲彈出類似的聲音）。當然也有喜歡獨奏的鸚鵡，會自己敲打各種物品，發出各種聲音，玩得不亦樂乎。

透過敲打進行溝通！

為了飼主而努力

　　相較於其他鳥類，鸚鵡算長壽。活超過 25 歲玄鳳鸚鵡或 45 歲的非洲灰鸚鵡不在少數。

　　即使鸚鵡因疾病或衰老瀕臨死亡，恐怕也不會去想像自己死亡的模樣。因為鳥類並沒有明確的「死亡」概念。

　　也或許鸚鵡知道自己死期將至，只是想以淡然的態度處之。雖然很難從心理學來確認鸚鵡的心態，卻有多數飼主和禽鳥科獸醫如此認定。

　　如果鸚鵡真的感覺到自己死期將至，可能是因為自己身體狀況的改變，以及飼主的態度，讓牠們有了這樣的體認。

　　覺得自己的身體狀況處於前所未見糟糕狀態的鸚鵡，應該會認為大事不妙。還有，牠應該也感覺到一向疼愛自己的飼主臉色變凝重，呼喚自己時，口氣也比以前溫柔。這樣的聲音或表情，讓鸚鵡覺得飼主現在有煩惱的事，而且是非常擔心，也非常悲傷。

　　這時候鸚鵡或許會故意漠視自己的死期。也許因為牠很清楚，萬一自己真的離開了，飼主會更加寂寞、不安，才故意裝出不在乎的態度。

看到飼主語氣或表情變凝重，鸚鵡便知道大事不妙了。

使勁全力延續生命

　　有時候，已經被獸醫宣布「無藥可醫」的鸚鵡，卻可以活下來，甚至讓獸醫驚呼連連，直說「一切都是奇蹟」。

　　有的鸚鵡好像能解讀飼主的心思，知道飼主希望自己活下去，即使已經毫無體力，還是以牠嬌小的身軀努力再多撐好幾天或好幾週。確實有這樣的案例，鸚鵡真的能解讀飼主的心思。

　　也許有人會說這是毫無科學依據的無稽之談，但是在人類世界中，也確實有人因為家人的鼓勵，而盡全力讓自己活得更久。深得人類疼愛的鸚鵡，也會因為家人的鼓勵，努力讓自己活著。

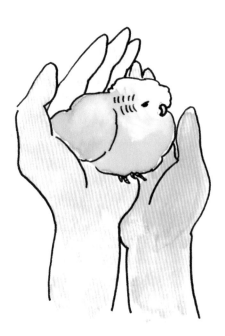

備受疼愛的鸚鵡，確實能感受到飼主希望自己
「活下來」的那分心意。

不願意自己吃飼料
而一味等待的鸚鵡

　　我家的玄鳳鸚鵡住在客廳。每次我要外出走向玄關時，一定會經過鸚鵡的鳥籠，那時候牠們會從服裝或攜帶的東西，判斷我是馬上就回家，還是會出門好幾個小時。

　　如果比牠們猜想的時間還早回來，會冷冷瞄我一眼，好像對我說「啊，回來了」。如果比牠們所猜的時間延後好幾個小時才回家，當我拿出鑰匙插門鎖的那一瞬間，所有鸚鵡會一起大叫。那叫聲聽起來像是在說「終於回來了」、「好慢喔！」、「今天都沒有陪我玩」、「太好了，總算可以安心了」、「肚子好餓」等。

　　叫聲聽起來像「肚子餓」的鸚鵡，是最讓我懷念，於 1998 年出生、一般體色的公鸚鵡。牠小時候很會撒嬌，吃飯時一定要跟家人一起，如果眼前或牠感覺到的場所範圍裡沒有熟識的人就不肯吃飯。一定要等家人回到客廳或開始泡茶，才肯吃飼料。

　　因為這樣，每當事務所同事無法到家裡幫我看家時，我就不能出門太久。因為牠會等到有人回來才肯吃飯。每次跟朋友見面時，我常以「家裡的鳥會不吃飯等我回家，我要趕快回家才行」的理由提早離席，我並不是在找藉口，事實真是如此。

飼主一定要知道的事

該如何觀察，才能了解鸚鵡的心意呢？
為了與愛鳥度過快樂時光，必須具備哪些知識？
本單元將人類與鸚鵡共同生活的注意重點，
做了完整的整理。

讓鸚鵡表達情緒的場所

　　鸚鵡經常會以整個身體來表達各種情緒。如果你能讀取鸚鵡的心思，一定可以拉近彼此的距離。

　　在第四章已經介紹過憤怒、喜悅等鸚鵡各種情緒的特徵，本單元將介紹鸚鵡是如何透過肢體語言表達情緒。

　　解讀鸚鵡情緒的觀察重點是「眼睛、虹彩」、「嘴巴」、「冠羽」、「翅膀（展翅方式）」、「腳的姿勢」、「聲音」、「全身動作」。

眼睛

　　當鸚鵡一直凝視某物時，表示牠有興趣。這時候牠的心情是一半興奮、一半害怕。也許眼前的東西是個有趣的東西，於是很興奮地凝視著；另一方面因為不確定是什麼東西，內心也會感到恐懼害怕，所以就一直盯著看。

　　當人類有想要的東西或發現深感興趣的東西時，也會用雙眼正面凝視。如果歪著頭，以單眼凝視，表示牠想看得更清楚。

　　鳥類的單眼凝視，會比雙眼視物時更加拉近與對象物的距離，也更能仔細地觀察。人類會用歪頭表示感興趣，但是鸚鵡的動作其實更實用。

　　鸚鵡眼睛或周遭部位所呈現的情緒意義，請參考右圖以下的解說。

瞪大眼睛凝視
（生理反應）

驚嚇時
（※有冠羽的鸚鵡，冠羽會稍微豎起。）

眼睛張大凝視
（多半是自我意識）

虹膜縮成一團

興奮中

生氣（有冠羽的鸚鵡，冠羽會稍微豎起）

虹膜張開、又縮成一團

有所期待、心有糾結
（也有害怕的意思，心裡在想不曉得該怎麼辦才好）

🪶 嘴巴

　　當鸚鵡張大嘴巴，露出舌頭看著對方，有輕微威嚇到生氣的意思。鸚鵡生氣時，常會透過眼睛傳達怒意，也會以整個身體來表現。

　　如果表情溫和，張大嘴巴，舌頭伸長，是「那個看起來很好吃」、「想咬看看（有興趣）」、「請給我那個」的意思。

輕微威嚇到生氣　　　　　那個看起來好吃、請給我那個、想咬看看

冠羽

有冠羽的鸚鵡，只要觀察其冠羽，就能清楚掌握其心理狀態。

撑大倒立

受到驚嚇、感到害怕、
非常興奮

躺平

一般狀態或開心的狀態、
感到滿足

豎起又倒下，一直動

害怕。可是也有好奇的意
思，心有糾結或迷惑

稍微倒立

感覺不安

除了上述情況，當鸚鵡很想威嚇對方時，會撐大身體，冠羽倒立。當鳥出現這個姿勢，通常是在告訴對方「接下來我要攻擊你了」。

展翅方式

　　熱的時候，鳥類會展開翅膀，讓腋下通風，藉此冷卻身體溫度。這時候會在固定時間裡，一直重複相同動作。嘴巴也會張開呼吸。

　　當鸚鵡展翅，擺動「雙腋」，表示牠很開心或期待有開心的事（人類帶來的快樂或因期待而興奮）。

　　有的鸚鵡還會將頭上下擺動。如果有這個動作，表示「我等不及了！」

興奮♪興奮♪
興奮♪興奮♪

開心、期待而興奮、等不及了

想降低體溫

等不及了

115

腳的姿勢

當鸚鵡不停做出踏步的樣子，站在棲木上慌張地左右移動身體時，表示內心充滿期待。當鸚鵡覺得興奮，要求飼主「能放我出去嗎？」、「能給我美食嗎？」的時候，就會做出踏步的動作。

吱吱吱…　　吱吱吱…

興奮期待

聲音

鸚鵡跟人類一樣，會用聲音表達內心的怒意或喜悅。情緒高漲時，聲音會變大聲。

其他

當玄鳳鸚鵡之類的鸚鵡將身體左右晃動時，基本上是在威嚇對方，但其實內心對對方充滿恐懼。左右搖晃身體的目的是希望讓自己看起來巨大，不過成功機率不高。

當鸚鵡像後仰般，全身羽毛倒立時，表示牠在害怕或不悅（感覺冷的情況除外）。本能感到厭惡時，羽毛也會倒立。

鸚鵡傳達訊息的方法

除了前面提到的肢體語言，鸚鵡會以更直接的方法表達需求。

希望飼主幫牠搔癢時，他會低頭或將脖子下垂。如果你沒有馬上幫牠搔癢，牠會低頭抬起眼睛看著你，好像在說「怎麼還不幫我搔癢？」有的鸚鵡表現較積極，會用腳抓著人類的手指幫牠搔癢。

會說人話的鸚鵡會用語言表達各種需求。晚上希望愛鳥就寢，於是幫牠蓋上籠套，結果牠竟然一直喊著「早安、早安」，表示牠在告訴你：「你看，現在是早上了。幫我打開籠套，陪我玩。」當牠說：「○○好吃」表示牠想吃東西。

當你將手指伸進籠子裡，鸚鵡馬上飛停在手指上，表示「我想出去，現在可以出去了」，相反地，當你將手指伸進鳥籠裡，牠卻從棲木飛到鳥籠的地板，然後坐在角落，表示「我今天（身體不舒服／心情不好）不想出去」。

關於鸚鵡的意願表達行為，會因鸚鵡個體不同，以及牠與飼主之間關係的不同而有著各種差異。在各種情況下，愛鳥所表現的行為，其實是為了讓彼此生活更和樂的重要溝通行為。

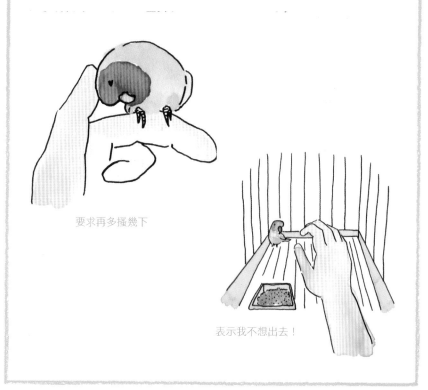

要求再多搔幾下

表示我不想出去！

要適性而教

　　鳥類的個性比人類所能想像的還要變化多端。人類個性各有不同，鸚鵡也是一樣，每一隻個性都不一樣，每隻鸚鵡都是世上獨一無二的個體。

　　當我們開始養鸚鵡時，相信每個人都有「我想把牠調教成那樣的鳥」的想法。可是，愛鳥會變成什麼模樣，受到其個性影響甚鉅。希望大家了解，愛鳥不見得會照你的方式長大。

　　若是好奇鳥寶在何種情況下會有何反應，可以仔細觀察同居的鸚鵡，透過其行為來了解愛鳥的個性。或是透過愛鳥願意或不願意的反應，也可以找出與愛鳥相處的方法。

　　愛鳥能不能忍受孤獨？對壓力的反應如何？都要盡力釐清並掌握情況。能做到這樣，愛鳥就能生活得更愉悅。

從反應看個性

　　即使是相同狀況，但每隻鸚鵡的反應都大不相同。

　　舉個例子吧！

　　玄鳳鸚鵡因為尾巴較長，如果好幾隻一起待在狹小的空間裡，難免會被其他鸚鵡踩到尾巴。有一天我複製相同的情況，用手指壓著牠們的尾巴一至兩秒，測試五隻玄鳳鸚鵡的反應，結果五隻反應都不一樣，結果請參考右頁。

被壓到尾巴時，五隻玄鳳鸚鵡的反應

1 公鸚鵡（年紀排行第二大：最強勢）

牠馬上知道是飼主「故意」壓牠的尾巴，回頭看飼主，嘴巴張得很大，像在威嚇飼主「拿開你的手」。平常時候，被其他鸚鵡不小心踩到尾巴時，牠也會這樣威嚇人家。牠好像本來就不喜歡人家踩或碰尾巴。

2 公鸚鵡（年紀排行第三大：個性不夠穩重）

牠會一直跺腳，表情似乎在說：「咦？怎麼無法前進？為什麼會這樣？」當我放開手指後會繼續若無其事地往前走。有時候牠會察覺到原因，但通常不會太在意。

3 公鸚鵡（年紀最輕：野心家）

牠會咬自己的腳（一定是右腳），像在說「這隻腳給我往前走！」為了可以往前走，會用鳥喙拉著腳前進。

4 母鸚鵡（年紀最大：非常神經質）

牠會大叫，好像在說「怎麼了？發生什麼事了？」當牠覺得可以移動時，立刻飛走。

5 母鸚鵡（年紀最輕：個性溫馴）

牠會默默地、慢慢地回頭看，然後一直盯著你，那眼神似乎在說：「求求你，放開你的手。」然後整個轉過身來，將頭伸到你的手下面，要求你幫牠「搔癢」。

鸚鵡的心結

每隻鸚鵡的心中都有一張平衡表存在，牠不會單憑一種情緒或想法而決定自己該怎麼做。

喜歡－討厭、害怕－開心、麻煩－雀躍。不管在什麼時候，牠永遠會同時兼顧各種情緒，並依照感覺最強烈的那一方決定牠的最後行為模式。

 ## 會突然討厭人類？

鸚鵡對人類「喜歡」／「害怕」的感覺比例是 55：45。因為「喜歡人類」的感覺比例較高，平常對人類是相當友善。

可是，如果因為牠突然生病，帶牠去醫院，最後就算病治好了，但是去醫院的經驗會讓牠對人類產生恐懼感，這時候對人類「感到害怕」的比例可能會增加 10％。

結果，在這隻鸚鵡心中對於人類喜歡／害怕的感情比例變成 45：55。換言之，表面上這隻鸚鵡「生病後，變成害怕人類的鸚鵡」。這時候飼主會因為「愛鳥個性丕變……」大受打擊，而感到沮喪。

類似的例子多到不勝枚舉。不過，不需要難過嘆氣，鸚鵡的情緒並不會因此百分百大改變。乍看之下是個性大變，其實在鸚鵡心中的負面情緒只是多幾分而已，心理狀態並沒有太大改變。只要日後再慢慢加分，一定可以挽回牠的心。

飼主要有耐心，每天用行動表示，告訴牠「我不會再做讓你感到害怕的事」、「我不會再逼你做不想做的事」、「每天都會輕聲細語地跟你說話」、「我很重視你」、「我愛你」。

讓愛鳥慢慢感受到你的愛意，愛鳥的想法就會 1％、1％地

慢慢改變，總有一天喜歡的感覺就會再度超越 50％，就能重拾往日的關係。飼主一定要有耐心，重拾信賴後，彼此關係會更堅固。

雛鳥的養育法則

在孵化的前幾天，也就是雛鳥還在蛋裡面時，依然會繼續成長，牠的耳朵會聽見自己雙親的聲音。親鳥也知道雛鳥會聽見自己的聲音，常常會對著孵化中的鳥蛋竊竊私語。雛鳥在出生前就透過這樣的聲音記憶，辨別自己雙親的聲音，進而認識自己的父母。

雛鳥從鳥蛋孵化出來後，是由親鳥餵食，此時就在雙親溫暖的呵護下快速成長。這段期間親鳥與雛鳥的接觸非常頻繁且親密，在幼鳥心中，親鳥就是世界的中心。

在親鳥羽翼的照護下，雛鳥會感受到親鳥的體溫而獲得安全感。這樣的親密接觸會促進肉體成長激素或腦部發育的腦內物質分泌，讓雛鳥長成精神穩定的成鳥。

為了讓雛鳥早日適應人類生活，通常都會在其很小時就讓牠們與親鳥分離；不過，這段期間如果沒有讓雛鳥充分體會幸福的感覺，精神狀態就無法安定，很容易會變成容易焦慮、不懂察言觀色的成鳥。

害怕是鳥類對人類的第一個感覺

動物只要看到體積比自己大的生物，第一個感覺就是「恐懼」。這個道理也適用於鸚鵡身上，尤其是幼鳥，天生就對人類懷有強烈的恐懼感。

不過，基於「活命」的本能，這個本能力量足以讓鸚鵡消除內心的恐懼感，「吃東西才能活命」的命令會控制幼鳥的心理與生理。對離開親鳥身邊的幼鳥而言，這世上願意照顧自己生活起居，並予以保護的對象就只有人類而已，只好退一步接

受人類。為了活下去，這是不得已的選擇。

　　可是，當鸚鵡好不容易接受某個人來照顧自己，如果中途換人，鸚鵡會陷入混亂中。若是個性大而化之，不在意細節的鸚鵡，頂多會這樣想「人類就是人類，就算換成別人也無所謂！」還是會接受其他人的照顧。然而，如果是神經質的鸚鵡，警戒心理＋恐怖心理＋不信任感的情緒會超越「活下去」的本能意識，這時候可能會突然不願進食。

　　當鸚鵡從監護人或寵物店轉移至飼主手中之際，常會出現「突然不想進食」等可能危及生命的行為，就是上述心理作用所致。

　　為了讓雛鳥接受新的照顧者，必須為牠布置能夠感到安心的環境，還要給牠時間接受改變。只要恐懼感或不安感稍微減輕，再過不久就能適應新環境。

玄鳳鸚鵡的雛鳥

綠頰錐尾鸚鵡的雛鳥

別讓愛鳥成為任性的鸚鵡

迎接雛鳥到來是件開心的事。不僅女性會有「母愛本能」，連男性也有，看到愛鳥張大嘴討東西吃或願意讓你餵食時，幸福感會油然而生。看到愛鳥吃飽後，睡得香甜的模樣，態度也會變得很溫柔。等愛鳥再長大一些，會對每件事都感興趣，就算有時候被愛鳥攻擊或咬，還是會繼續對愛鳥投以「雙親」般的溫柔眼神。

幼鳥不懂事，這時候很容易做危險的事，飼主也會認為「牠還小……」不予以責罵，但其實這樣對幼鳥並不好，一定要加以教育。

大家都知道，狗媽媽或貓媽媽會教導自己的孩子許多事，會清楚告知孩子什麼事不能做。為了讓孩子適應環境，必須從小就施以嚴格教育。「第一次最重要」，身為父母的人都會嚴格管束孩子。

幼鳥鸚鵡也需要嚴格教育。為了讓牠安全、開心地住在家裡，必須趁早讓牠分辨是非，知道「什麼事可做、什麼事不可做」、「遇到狀況時該如何處理」、「什麼時候才會放牠出鳥籠」等等。

如果你突然大聲說「不可以」，雛鳥或幼鳥可能會被你嚇到。當你看到牠隨便就拿走感興趣的東西，你可能會生氣斥罵。可是，如果沒有當場制止，牠永遠都不會知道這是牠該遵守的規矩。

等到愛鳥長大後才要矯正牠的行為，牠會覺得壓力很大。應該趁牠最容易被改造的時期，進行嚴格教導，至少不會有壓力，心靈也不會受傷，當然也不可能會恨人類或討厭人類。

教育愛鳥，是為了彼此的幸福相處著想。不過，飼主的嚴格教育中一定要有愛存在。除了指正牠，也要常跟牠玩，讓牠向你撒嬌。

讓愛鳥遵守生活守則

重點就是要溫柔守護愛鳥。在牠小時候經常彼此肌膚相親，常跟牠說話（不是要牠學說人話，而是透過聲音對愛鳥傳達你的心情），讓愛鳥成為個性穩重的成鳥。可以感受彼此體溫的肌膚相親行為能平衡愛鳥的賀爾蒙分泌，讓體格發育更健全。

在愛鳥邁向成鳥階段的第一次換羽毛時期，是決勝負的關鍵。如果以人類來比喻，就是從幼兒長大為少年、少女的時期，這段期間要給愛鳥許多愛，也要確實教導牠知道何事可為、何事不可為，以及何謂危險事物。在這個階段，一定要確實教好愛鳥生活守則，將來才能過得幸福快樂。

絕對不能因為年紀小就放縱。必須在小時候讓
愛鳥明辨是非，同時也要多跟牠肌膚相親。

也有不愛說話、不愛唱歌的鳥兒

有人飼養鸚鵡是為了讓鸚鵡學會說人話，為了早日學會說話，每天都會花很長的時間在愛鳥面前說話。如果養的是公鸚鵡，就算一直跟牠說話，牠也不願意說，有人會因此生氣。

不過，先別急著生氣。

大家公認很會撒嬌的玄鳳鸚鵡中，也有極度厭惡人類的手動來動去的個體。也有雖然喜歡人類對牠說話，自己卻不太喜歡發言的鸚鵡。

即使是公認唱歌能力一流的玄鳳鸚鵡公鳥，也不見得每一隻都愛唱歌。就像也有討厭散步的狗，當然也有不想學會人類語言的鸚鵡存在。

鸚鵡要不要說人話，由牠自己決定

不管鸚鵡的想法，硬逼牠「說話」，想「教出」會說話的鸚鵡，完全是人類虛榮心在作祟。

不論說人話或唱歌，如果不尊重每隻鸚鵡的個性，硬要把愛鳥教育成「那樣的鳥」或「希望牠會做這件事」，根本是人類傲慢心理的表現。

為了讓愛鳥快樂且安全地住在家裡，教會鸚鵡該知道的事情當然非常重要，對愛鳥進行嚴格教育，讓牠明辨是非，遵守生活守則，乃是飼主應盡的義務。在重要場合或情況下，絕對不能放縱鸚鵡（尤其是幼鳥）。

不過，嚴格教育並不是要你逼迫愛鳥照著你的意思做。這時候使用「教育」二字，似乎不太貼切。對於不想被強迫的鸚鵡而言，強制性的訓練方式只是徒增愛鳥壓力而已。

請用心察覺愛鳥傳送出來的訊息

　　喜歡唱歌或說話的鸚鵡，會靜靜聆聽人類的說話聲或歌聲，有時候為了聽得更清楚，還會飛到人類肩上，嘴巴靠近人類耳朵，然後也試著說話、唱歌或吹口哨，這時候愛鳥一定會做出張嘴的動作。

　　有的鸚鵡才剛來沒多久，就會出現上述動作；也有的鸚鵡可能要過一段時間，等跟大家混熟了，才會出現這樣的動作。當你發現愛鳥有這些動作，就可以教牠說話或唱歌。

　　如果你希望愛鳥過得幸福快樂，絕對不能強迫牠做不喜歡的事。必須以牠的意願為優先，讓牠的願望實現，發揮所長。這就是讓愛鳥活得長久、日子過得豐富精采的秘訣。

　　千萬不要忘記，雖然牠是鸚鵡，但畢竟也是一個有生命的個體，擁有自我意識。

鸚鵡會因讚美而更有自信

　　希望寵物服從命令的話，基本上要觀察牠的意願，平常也要仔細觀察牠的行為，在順應牠的想法的同時再命令牠做事。

　　強迫寵物做不喜歡的事，通常都不會成功，而且強迫會讓牠的心靈受傷，也讓彼此的信賴關係出現裂痕。當寵物有壓力時，精神狀態會異常，也會影響身體健康。

自願的那一瞬間就是最佳機會

　　就算你希望愛鳥唱歌，或是一呼喚牠就乖乖過來，也不可能簡單實現。不過，只要把握到時機或用對方法，也可能會成功。即使只是偶爾，就算只是暫時，只要愛鳥做出類似行為時，一定要稱讚牠，這點非常重要。

　　不論人或鸚鵡，被讚美都會開心。如果有「獎賞」就會更開心。當愛鳥每次做了「某事」就會稱讚牠，「做某事」→「就會被稱讚」的模式會刻印於牠的腦海，於是更積極想做那件事。這個方法其實就是動物訓練術中的正增強。

希望愛鳥照命令行事時，首先要仔細觀察。鸚鵡有時候會展露令人出乎意外的才華，牠擁有許多潛能。發現牠的優點時務必要多多讚美，讓牠充分發揮。

　　訓練愛鳥時，切記急不得。一個習慣的養成是需要時間的淬鍊。

　　不過，也許會中途失敗，最後無疾而終。但是，絕對不要生氣，坦然接受事實也是重要的態度。

希望多愛撫愛鳥……

　　或許也有飼主希望愛鳥更會撒嬌，很想每天愛撫牠，提升彼此的親密關係。不過，能不能達成心願，愛鳥本身的生理反應之好惡影響甚大，並非靠訓練就能改變其習性。

　　關於這一點，首先要透過日常相處，贏得愛鳥的信任，並且要相信愛鳥會愈變愈好。

為鸚鵡挑選適合其個性的玩具

現在也許有飼主在煩惱,該給愛鳥什麼樣的玩具。

這個問題沒有固定答案,要看每隻鸚鵡的「個性」而定。

有的飼主在還不了解愛鳥個性前,就買了許多玩具擺在鳥籠裡,這實在是大錯特錯。鸚鵡也有所謂的喜好,到底喜歡什麼或討厭什麼,必須由愛鳥自己決定。

有喜歡玩具的鳥,也有不喜歡人工玩具的鳥。甚至還有的會因此對玩具有恐懼感。老是拿愛鳥不喜歡的玩具給牠,不僅會讓牠困擾,也會有壓力。

當你想給愛鳥玩具時,請仔細檢視結構和材質,確認安全無虞再買(或是自己製作玩具)。使用前要先拿給鸚鵡看,觀察牠有何反應。如果感興趣,表現出想要的態度,才可以提供。

許多身邊物品都能變成愛鳥的玩具

其實家裡就有許多適合鸚鵡玩耍的玩具，可以多加利用。

譬如報紙。當你在愛鳥放風的時候看報紙，牠會對翻閱報紙發出的紙張摩擦聲或人類翻報紙的行為感興趣。甚至在你翻報紙時，鑽進報紙裡，此時牠覺得好像找到了祕密基地，也會咬報紙，或阻止你翻報紙，自己玩得很開心。

如果是喜歡抬高、移動、轉動等動作的鸚鵡，擺在桌上的原子筆、鉛筆、大迴紋針或許可以成為愛鳥的玩具。事實上筆者所飼養的玄鳳鸚鵡很喜歡玩我丟你撿的遊戲，牠會將前述的桌上物品依序弄掉地上，下達由你撿的指令，當你撿起來後，牠再弄掉……，這樣的遊戲百玩不膩。有的鸚鵡會抽面紙，然後再將抽出的面紙揉成圓球，這也算是一種遊戲。

雖然市面上有各種寵物玩具，但是只要善用家中物品，也能為愛鳥找到合適的玩具，不一定要花錢。

第5章　飼主一定要知道的事

鸚鵡也會有壓力嗎？

以下情況都有可能會讓愛鳥感受到壓力。

環境壓力

· 房間總是很明亮／有讓人不舒服的聲音／噪音／空氣不好／對家中的其他動物感到害怕／鳥籠太狹窄／跟許多同伴一起擠在狹小的空間裡／新寵物成員加入／家裡人口變多時／換飼料／天冷、天熱／經常能清楚看見外面（看得見烏鴉或狗等）／鳥籠會搖晃（沒有掛好或地震）／家人的生活作息改變……

人類造成的壓力

· 被強迫做不喜歡的事／不陪牠玩（突然不跟牠玩）／（因為還不習慣人類）害怕人類／人類老是焦慮緊張／被罵時／遭受虐待……

其他

· 受傷／生病無法自由活動……

壓力表現方式與對策

每隻鸚鵡個性不同，有的抗壓性強，有的很弱。即使待在同樣的環境裡，有的鸚鵡會有壓力，有的則是輕鬆自若，這樣的反應跟人類一模一樣。

當鸚鵡承受壓力時，除了不想進食或暴飲暴食，也會出現咬毛、自殘、嘔吐、坐立不安、易怒、突然攻擊其他同伴或人類、（會說話的鳥）突然不肯說話、大聲吼叫、對著鳥籠角落自言自語、沮喪、到了晚上也不睡覺等的反應。壓力是致病原因，也會導致精神異常。

解決的辦法就是人類要先冷靜，這一點非常重要。如果問

題在於自己或其他家人，務必努力更改。若是環境因素，也要盡可能改善。

　　萬一原因不明，請務必找獸醫商量，同時也要仔細觀察是上述哪個原因所致。一定要找出原因，因為解決問題的第一步，就是找出原因。

讓鸚鵡倍感壓力的情況

四周很吵或附近有讓鸚鵡感到「害怕」的東西，多半的壓力來源是環境因素。

焦燥 緊張 焦慮 不安 匆匆忙忙

飼主不肯陪自己玩。飼主老是焦慮不安。這些情況都會讓鸚鵡有壓力。

生病或受傷也會讓鸚鵡倍感壓力。

當鸚鵡大聲叫時

當我們生氣或想堅持己見時，無意識間說話聲音會變大，甚至還會變沙啞，鸚鵡也一樣。

當鸚鵡無法順其心意而為或想表示意見時，也會大聲叫。為了引起對方注意，會連續大聲地發出「嘎嘎嘎嘎」的聲音。

此外，也有些鸚鵡會在發現好玩事物或開心時發出「歡呼聲」。鸚鵡的個性「藏不住喜悅」，當牠發現有許多飼料而大叫時，並不是要呼朋引伴一起享用，純粹是因為太高興，忍不住「叫出來」。

嗓門大小因種類不同而各有差異

雖說興奮時，嗓門會變大，但其實每個品種的情況都不一樣。虎皮鸚鵡或玄鳳鸚鵡很少會大聲說話；若是牡丹鸚鵡則會發出震耳欲聾的聲音。

牡丹鸚鵡或中南美洲的鸚鵡嗓門都很大。比方說錐尾太陽鸚鵡，只要稍微開心——其實就算生氣，也會大聲叫。這種鸚鵡天生嗓門就大，想要小聲說話很難。

當愛鳥大聲叫時，飼主會覺得傷腦筋，心裡以為「我家的孩子愛大叫，很難餵食……」、「老是喜歡大聲叫，該不會是問題鳥吧？」其實對多數鸚鵡而言，發聲叫只是一種自然反應，不需要太緊張。

如果你還不清楚愛鳥的品種特徵，在無法掌握其個性之前就開始飼養牠，一定會出現上述情況。有的鸚鵡品種就是天生嗓門大，這些品種中當然還會有嗓門特別大的個體，在決定養鸚鵡之前，最好事先調查資料並做足功課（做好心理準備）。

什麼樣的鸚鵡比較大嗓門呢？通常住在能見度不佳，常會聽到其他動物叫聲（不得安寧）的叢林裡的鸚鵡，其嗓門會比住在開闊草原的鸚鵡大。

因為環境因素，當鸚鵡想告訴其他同伴自己的「所在地」時，如果沒有大聲叫，同伴根本聽不見。像叢林這樣的環境，無法得知同伴是就在身邊或遠方，為了呼喚同伴，當然只好儘量大聲叫。有過這樣野外生活經驗的鸚鵡成為寵物後，因為大嗓門的習性已定型，就會成為「平常嗓門就很大的鸚鵡品種」。像這種鸚鵡在遇見同伴打招呼時或想呼喚同伴時，都會大聲鳴叫，對牠們而言，這是很自然的行為反應。

不過，牡丹鸚鵡就算生活在開闊的環境裡，嗓門還是很大，牠們跟叢林系鸚鵡不同，因為天生個性比較強勢，平常嗓門就很大。

大嗓門的鸚鵡，若要飼養的話，最好有心理準備

· 桃面愛情鸚鵡、牡丹鸚鵡等
· 環頸鸚鵡
· 錐尾太陽鸚鵡
· 雨傘鳳頭鸚鵡（又稱大白巴丹鸚鵡）、
　小葵花鳳頭鸚鵡（又稱小巴丹鸚鵡）
　等的白色系大型鸚鵡。
· 一般的大型鸚鵡……

鸚鵡心靈受到創傷時、
留下創傷陰影時

　　鸚鵡小時候遇到的可怕經驗會變成創傷陰影常存心中，甚至影響日後的行為和個性。有的鸚鵡更會因此變得神經質，不相信人類。

　　鸚鵡跟人類一樣，時間都能沖淡記憶，傷口也會慢慢癒合。不過，如果是危及生命的可怕經驗，恐怕不是那麼輕易就能忘記，或許到生命結束前，那道陰影都會常存鸚鵡心中。

　　對於有創傷陰影的鸚鵡，不要急著想改變牠，要拿出耐心與牠袒誠相對，以及用濃濃的愛對待牠。

原因

　　以下三種情況，可能在鸚鵡的心裡留下創傷陰影。

創傷陰影形成的原因
❶ 曾被虐待，對於人類的行為感到害怕或痛苦
❷ 遭逢意外留下的陰影（尤其是危及生命的意外）
❸ 持續有噪音等的環境因素

具體案例

　　本章節例舉兩個案例供讀者參考，幸好兩個事例都沒有變得很嚴重，以下就針對鸚鵡的遭遇及日後情況加以解說。

①掉進裝滿水的洗衣槽裡：玄鳳鸚鵡、一歲、公鳥
〔狀況／因應對策〕因為飼主就在現場，十秒內救出愛鳥。洗衣槽裡並沒有放洗衣精，所以直接用毛巾和吹風機幫愛鳥吹乾身體。

在這種情況下，鸚鵡不可能自己逃出來，如果沒發現，可能會淹死。

事後觀察愛鳥，好像沒有受到太大打擊，還是跟平常一樣。不過，再也看不見牠玩水，直到那件事過了兩年後，也就是三歲時，才再度看見牠在玩水。

②差點被人類踩死：玄鳳鸚鵡、五歲、公鳥

〔狀況／因應對策〕某日的白天，將五隻鸚鵡全部放出來時突然發生五級的地震。當時的八歲母鸚鵡對地震最敏感，馬上要飛走，結果撞到窗玻璃。因為撞到腦震盪，飼主很擔心，趕緊衝過去看牠，剛好腳邊的座墊上面有隻鸚鵡，飼主沒有發現踩了下去。因為牠剛好躺在柔軟的座墊上面，飼主覺得腳底有異狀，在整個腳底踩下去之前，趕緊往後退，才沒有將愛鳥踩死。

那隻鸚鵡雖然自行飛到燈罩上面，但是全身受傷，大腿骨折。馬上送去醫院接受診察與治療，醫生還開了抗生素藥物。但因為打擊太大，加上傷口疼痛，不肯吃東西，約有一週時間都在跟死神搏鬥。雖然沒有被踩死，卻花了半年多時間才恢復健康。

那隻鸚鵡對於被踩時所播放的音樂旋律印象非常深刻，即使已經過了四年，每次聽到那個音樂旋律，牠就會陷入緊張狀態。猜測牠已經將那個音樂旋律與被踩的經驗合為一體。發生意外後，牠的脾氣也變得比較暴燥，只要不順牠的意就會生氣（原本是乖巧溫馴的鳥）。

鸚鵡也會罹患心理疾病

「咬毛」屬於心理疾病。就是鸚鵡用鳥喙拔掉身上的羽毛的行為。有時候不是扯羽毛，而是咬皮膚，這就是所謂的「自殘症」。雖然平常不會出現這些行為，但有的鸚鵡在扯毛後，會繼續自咬。

關於發病原因，迄今尚無法清楚解明，但是罹患內臟疾病、溫度或濕度等環境因素、精神因素都是導致咬毛症發作的原因。關於精神層面的問題，鸚鵡與人類的關係（包含關係的改變）、鳥籠位置、與其他鳥類、動物的空間配置問題，都會影響鸚鵡的精神層面。

不過，野生鸚鵡絕對不會發生咬毛現象，只有寵物鸚鵡才會發生，因此可以確定問題出在飼養方法。

會咬毛的鳥、不會咬毛的鳥

愛鳥會出現咬毛行為，推測與那隻鳥的先天性格，以及包括飼主在內的環境因素有關。

家中只有一隻鳥，而且那隻鳥又很黏人，與飼主有親密交流的話，相較於不是在這種環境下長大的鸚鵡，前者出現咬毛症狀的機率較高。因為黏人的鸚鵡，容易過度依賴人類。相對地，有專科醫生指出，老是我行我素的鳥、喜歡發呆的鳥、精神抖擻的鳥比較不會出現咬毛症狀。換言之，容易與人類親近的鸚鵡，罹患咬毛症的機率較高。

也有報告指出，在雛鳥時期獲得親鳥長時間照顧的鸚鵡，比較不易出現咬毛症。與親鳥接觸的時間愈長，可以促進賀爾蒙分泌，也能培養出穩重的性格。

覆蓋全身的羽毛算是身體的一部分，對鳥類而言是非常重要的部分。不管承受何種壓力，站在鳥類精神心理學的立場來看，都不應該會去咬身上的毛。儘管如此，還是出現咬毛行為的話，表示受到的打擊已經超越理性所能控制。

　　我們無法得知愛鳥何時會出現咬毛行為，也不知道原因為何，無法想出適當的對策因應。不過，事實證明，只要在雛鳥時期，不要讓愛鳥過度依賴人類，保持適當距離，訓練愛鳥獨立自主，可以避免日後出現咬毛行為。

　　萬一愛鳥出現咬毛行為，請趕快帶牠看醫生。確認不是罹患內臟疾病之後再從精神治療下手。

　　許多飼主看到愛鳥在咬毛，常會顯得慌張或相當困擾，因為太擔心，老是盯著鳥籠看，這樣反而會讓愛鳥蒙受更大的壓力，使情況惡化。因此，飼主絕對不能亂了手腳，要沉著以對。

咬毛通常會從腋下的毛開始，接著是咬腹部的羽毛。當愛鳥腋下羽毛開始減少，就是咬毛症發作的危險訊號。

以下情況，出現咬毛行為的機率很高

· 有新鳥成員加入，（覺得）飼主比較關心牠／不常跟愛鳥玩（讓愛鳥強烈覺得無聊時）／家中有新成員加入（譬如新生兒誕生）／飼主個性善變，讓愛鳥無所適從／（開始咬毛的時候，飼主顯得很擔心）認為只要拔羽毛，就能贏得飼主關心（從經驗中得知）／與經常在一起的飼主分開很長的時間……。

發情鸚鵡的對待方式

　　發情中的鸚鵡多數脾氣會變暴燥。為了顧守巢穴或可以築巢的場所，鸚鵡會毫不猶豫地攻擊比牠大好幾倍的人類。受到性賀爾蒙分泌的影響，顧守巢穴、繁衍子孫的本能會變得非常強烈，使得愛鳥性格丕變。即使平常很溫馴的鸚鵡也不例外。

　　就算是平常穩重溫馴的玄鳳鸚鵡公鳥，對於想靠近假想巢穴地盤的對象，也會展開激烈的攻擊。接受「愛撫」是鸚鵡每天必做的享受，就算靠近地盤的人是當天才愛撫過牠的人，一樣會展開攻擊，毫不留情地咬人。被咬的人通常會一臉困惑，心想「奇怪？牠怎麼會咬我的手呢？」

　　這樣的反應還稱不上是「戀愛症候群」，不過，發情期的鸚鵡會比平日更容易興奮，精神狀態也跟平日不同，而且根本無法控制自己。

人類能做的事

　　人類也會因生理期的關係使脾氣變得暴燥。發情期的鸚鵡也一樣，所以儘量不要刺激牠。曾經闖進警戒區的鸚鵡只要離發情期的鸚鵡遠一點（大概是一公尺或兩公尺的距離），彼此間就會恢復平日友善的態度。因此只要避免靠近愛鳥，也不要靠近牠認定的巢穴地盤，牠就不會發飆。

　　有的飼主看到愛鳥突然變得脾氣暴燥，會因為不曉得該如何因應而煩惱，甚至到處尋問方法。其實問題沒有想像中嚴重，不用大驚小怪，只要記得在這段期間千萬不要刺激愛鳥。

　　發情顛峰期只有一至兩週的時間，忍耐一下就好了。不過，飼主也可以透過這個機會，了解愛鳥在發情期會出現哪些行為，以後遇到相同狀況，就會知道該如何處理。

因發情而脾氣暴燥，這是鳥類自然的生理反應。當飼主發現愛鳥進入發情期時，記得不要刺激牠，請耐心等待發情期結束。

鸚鵡變胖的機制

　　對寵物鸚鵡而言，肥胖是個嚴重的問題。導致肥胖的原因很多，除了先天性代謝功能不佳的「低代謝症候群」或賀爾蒙分泌異常之外，多半都是因為飲食過剩導致。

　　許多養鸚鵡的家庭都習慣將飼料倒在鳥籠裡面，讓鸚鵡想吃東西時，可以馬上吃到食物。有時候也會餵食愛鳥高脂食物或點心。可以經常吃到美食，而且每次都吃得很飽，想不發胖也難。

　　如果房間明亮的時間太長，鸚鵡待在飼料盒前的時間也會拉長，就會吃下許多食物而發胖。

　　鸚鵡到了一定的年紀後會開始老化，代謝功能也會變差。可是，牠們無法自覺自己變老了，食量還是跟年輕時候一樣。如果食量跟代謝功能好的時候一樣，但是代謝卻變差了，就會發胖。此外，有的母鸚鵡無法拒絕公鸚鵡的餵食（不能拒絕），一直吃的結果當然就變胖了。

暴飲暴食時的精神狀態

　　鸚鵡也會因壓力或精神問題，依靠食物來紓解壓力。譬如，當牠太空閒和寂寞時。

　　空閒時間太多，又沒事可做，想到的第一件事就是吃。還有，另一半過世了或飼主突然不陪自己玩，讓牠感覺寂寞，只好靠吃來填補心靈的空虛。當環境改變，情緒焦慮時，大腦會發出「先吃個東西來穩定情緒」的訊息，結果就吃了太多東西。這一點鸚鵡和人類非常相似。

　　有報告指出。狹窄的鳥籠裡飼養多隻鸚鵡，形成密集飼養狀態的話，這些鸚鵡會有壓力，於是就會一直靠吃來紓解壓力。

體重管理就是健康管理

　　鸚鵡發胖的話，會對心臟或肝臟造成負擔，進而引發各種疾病。為了讓愛鳥快樂、長壽，平常要幫牠做好體重管理。定期（最好每天）量體重，清楚掌握狀況，就可以預防愛鳥變胖。當你發現愛鳥變胖了，一定要讓牠比平日更早就寢。飼料盒的飼料量也要減少，就能讓愛鳥恢復正常體重。

為何會發生意外？

　　關於鸚鵡事故有好幾種類型，之前有提到過「逃家」的案例，本單元將特別針對所謂的「受傷意外」和「誤食意外」加以說明。

　　不小心踩到愛鳥、愛鳥被門夾到、跌進熱水或熱油裡、被關在酷熱的地方、誤食有害食物等，像這類慘事總是層出不窮。

　　其實早在幾百年前，養在家裡的鳥就常發生上述的意外。江戶時代的隨筆作品中，也出現過如下的內容——「不曉得腳邊有麻雀，結果就踩了下去。鳥誤食酒粕而亡……」。日本人馴養麻雀的時期，可以追溯至平安時代，歷史超過一千年，雖然是很久以前的事，但在過去的歲月裡，也一定經常發生類似的意外。

意外發生的原因

　　說來實在讓人感傷，「信賴」與「疏忽」竟然是導致意外發生的最大原因。如此愛護自己的飼主，應該不會讓自己受傷才對。因為太信任飼主，因而失去了警戒心，結果發生意外的機率就升高了。

　　人類的疏忽當然也會導致愛鳥受傷。以為愛鳥不會飛過來，所以就關門，結果卻夾到愛鳥。以為愛鳥不在腳邊，往前跨步時卻踩到愛鳥。人常會因熟悉與習慣而疏忽，如果人和鸚鵡都疏忽，當然容易發生意外。

　　人類常會為愛鳥著想，愛鳥也很相信人類。當彼此感到開心、愉快時，危險因子就會蠢蠢欲動。所以，隨時都要提高警覺，要離開愛鳥到別處時，一定要確認愛鳥所在的位置再離開，

這是避免意外發生的唯一方法。

 ## 看到東西就想先嚐嚐看的習性也是原因之一

包括鸚鵡在內的所有野生動物，如果看到像食物的東西，只要沒有親口嘗試，就無從得知是否為安全食物。所以會先吃一點看看，如果後來肚子痛或讓身體感覺不適，下次就不要吃。在大自然的環境下，這是一種存活的方式。

可是，人類家中存在著太多有害食物或鸚鵡無法消化的食物。就算只是少量攝取，也可能讓鸚鵡喪失生命。養在家中的鸚鵡，也常發生誤食小東西的意外。

為了阻止誤飲、誤食或中毒的意外發生，飼主要清楚知道什麼是危險物品，讓危險物品遠離愛鳥身邊。

希望身為飼主的你，能有以下的認知。

身為飼主應有的認知

❶ 喜歡人類的鸚鵡會因為信任人類而疏忽。因此，人類有「義務」多加留意，避免愛鳥發生意外。

❷ 鐵弗龍製品會產生毒氣，鉛等的重金屬或有毒的觀葉植物都會傷害愛鳥，想成為飼主，一定要對這些相關知識瞭若指掌。

❸ 放愛鳥出籠時，一定要知道牠身處何處，在做什麼事。如果家中養好幾隻鸚鵡，不要一次全部放出來，免得失控。

日間與夜間的時間管理

當愛鳥生病帶去就診時，獸醫會告訴你：「鳥如果想睡覺，隨時都能睡著，電燈請一直亮著。目前最重要的事情是讓牠吃點東西。」

確實如獸醫所言，就算是白天，鸚鵡和其他鳥類也會睡覺。尤其是玄鳳鸚鵡，經常睡到中午才起床吃飯，到了傍晚前的午後時間又會打盹或睡覺。

鳥類是想睡就睡的生物，只要能夠這樣斷斷續續睡覺，就能擁有足夠的睡眠。不過，晚上還是要關燈，如果燈亮著，會對愛鳥的身體狀況或精神狀態造成不良影響。請順應鳥類的生理時鐘需求，晚上一定要讓牠們待在黑暗的空間裡。

此外，鳥類因為輕量化的結果，骨頭非常脆弱。鳥的頭蓋骨當然也很脆弱，陽光或燈光會透過薄薄的頭蓋骨傳達至腦部。最容易接觸到光線的頭頂部位有掌管記憶功能的海馬體存在。當鳥類睡覺的時候，如果頭頂有光，牠的大腦就無法休息。為了讓愛鳥的大腦休息，當牠睡著的時候請把燈關掉。

幾點起床？幾點睡覺？

鸚鵡也擁有自己的生理時鐘，日出而起、日落而眠當然最理想，可是如果跟人類生活，要做到很難。

鸚鵡的起床時間可以跟人類一樣。不過，夏天時候要讓愛鳥睡足 10 ～ 12 個小時，冬天要睡足 12 ～ 14 個小時。只要一整年的總睡眠時間夠就沒關係，在白晝變長的夏天，睡眠時間可以稍微減短，但是冬天就要睡久一點，讓鸚鵡的生理順應季節，就能擁有安定的生理與心理健康。

即使鸚鵡睡眠充足，也絕對不能每天都讓鸚鵡熬夜。讓愛鳥深夜兩、三點才睡，根本違反其生理時鐘。為了不讓愛鳥生病，儘量讓牠在中午前起床，過了傍晚就睡覺，最晚不能拖過十二點。

鳥類比人類要花更長的時間，才能讓眼睛習慣黑暗。因此，只要幫鳥籠蓋布，讓環境變暗，愛鳥就會知道睡覺時間到了。

厭食時的解決方法

鸚鵡會因疾病或心理因素，造成食量變少或幾乎不進食。鳥類不進食的話，會危及生命，最後只能求助獸醫強制餵食。不過，也有幾個居家方法可以讓愛鳥自發性吃下食物。請參考以下的解說。

複數飼養的優點

鳥類雖是個人主義者，但只有待在群體中才會感到安心。家中養好幾隻鸚鵡的人一定知道，鸚鵡很喜歡觀察其他同伴的動作或聆聽聲音，還會模仿同伴的行為。當牠食慾不好時，看到隔壁鳥籠的鳥在吃飼料，牠會告訴自己「我也該吃點東西」，然後開始進食。

對鸚鵡而言，家中有其他鳥存在，等於給自己打了強心劑。尤其是生病、感覺虛弱時，不管平常彼此關係好不好，只要有同伴在，就會自我鼓勵。這就是鸚鵡的特性，覺得家中只有一隻鸚鵡太寂寞，考慮多養一隻的人，如果可以的話，為了預防萬一，可以考慮多養幾隻。

人類能做的事

已經習慣人類生活的鸚鵡，或是渴望人類食物的鸚鵡，飼主可以在鳥籠前用餐或是讓愛鳥跟你一起享用三餐，都可以增進愛鳥食慾。

如果取得其他家人同意，可以為愛鳥準備專用碗盤，在碗盤裡放上鸚鵡飼料或蔬菜（沙拉），讓愛鳥跟你同桌吃飯，可以提升食慾。這個方法值得一試。

當愛鳥沒食慾時，你可以故意站在鳥籠前吃東西，然後嘴裡說「真好吃」、「這個很好吃喔」，經常在愛鳥面前吃東西，也能讓愛鳥增進食慾。這個方法很有效，唯一壞處就是人會變胖，所以要慎選食材。

想讓不肯進食的愛鳥開始吃東西，就是讓牠看見其他的鳥或人類吃東西的樣子。同時要輕聲細語地跟牠說話，就可以誘發其食慾大開。

重點就是一起用餐

好好吃喔♪ー

讓愛鳥跟你一起用餐，牠會覺得食物更美味。

野生鸚鵡與寵物鸚鵡的差異

　　野生鳥類必須努力在風雨的摧殘下存活，而且外敵環伺。雖然身處大自然的環境，卻不見得隨時都能找到食物，野鳥為了活下來，也要承受各種壓力。

　　野鳥為了存活，必須賣命找食物；春天到了就要努力繁衍後代。為了活下來，已經耗盡所有力氣，根本沒有餘力去想別的事。對野鳥而言，悠然自得、盡情玩樂是遙不可及的夢想。這樣的生活到底是幸或不幸無從得知，但至少牠們不會閒到咬身上的羽毛。

　　如果是寵物鳥，就不必擔心會日曬雨淋，也不須費心尋找食物。這些工作人類都幫牠做好了。雖然身邊常會出現狗或貓等可怕的動物，但通常人類會把牠保護得很好，而且還有鳥籠護身。

　　因為有這麼多好處，寵物鸚鵡就很容易失去警戒心，導致「迴避危險的本能」或「警戒心」日益衰退，這正是當寵物鳥的最大缺點。當鸚鵡對人類的依賴心愈強，自立能力就愈差。而且因為運動量變少，體力和免疫能力也會跟著變差。

因為被人類飼養，腦力可以自由發育

　　鸚鵡成為寵物鳥的話，必須承受上述的優點與缺點，除此之外，牠們在生理及心理方面也會產生莫大的變化。

　　前面已提過，鳥類本來就是好奇寶寶，跟人類生活可以讓好奇心充分發揮。因為人類的家是個安全的環境，當生活環境安全，鳥類的心態也會有所改變。不需要再跟野外一樣，必須隨時提高警覺，抵抗外敵，因此擁有「閒暇時間」，生活過得

相當「從容」。

俗話說：「忙到沒時間胡思亂想。」這句話說的真好，人只要沒事做，就真的會胡思亂想。人類因為善用工具，讓工作效率化，因而擁有閒暇時間，也因此促進文明發展。當鸚鵡有空時，當然也會想到處嘗試、冒險。空閒的時間正是讓大腦活化的時間。

鸚鵡在野外時，大腦是處於閉鎖狀態，成為寵物鳥以後，大腦完全開放，就能讓「本能」充分發揮。這也是派波柏格博士的愛鳥，非洲灰鸚鵡艾力克斯給我們的啟發（請參考第40頁）。

寵物鳥擁有許多玩樂時間，所以常會想出各種奇特的玩樂點子。

寵物鸚鵡的一生與壽命

以年齡換算表表示鸚鵡的成長過程。這個圖表是以虎皮鸚鵡為對象。

年齡換算表		
人類	貓	虎皮鸚鵡
6個月大	2週大	
2歲	1個月大	
5歲	3個月大	
12歲	6個月大	
14歲		3個月大
18歲	1歲	
20歲		
24歲	2歲	
28歲	3歲	1歲
32歲	4歲	2歲
40歲	6歲	4歲
48歲	8歲	6歲
56歲	10歲	8歲
64歲	12歲	10歲
72歲	14歲	12歲
80歲	16歲	14歲
88歲	18歲	16歲

出生後2～5週

以雛鳥身分進入人類的生活，因為還無法自立更生，會把人類當成「親鳥」看待。等到羽毛長齊，可以自己進食後，就會關心周遭的生活環境，也會開始惡作劇。很喜歡咬東西，這時候的咬物行為是鸚鵡大腦與心理發育的必經階段。不要阻止牠，只要把危險物品拿開，在一旁靜靜守護即可。

出生後2～6個月

換算人類年齡的話，正是小學高年級至高中生的時期。就算沒有雙親協助，也可以自理生活，獨立心很強。在這個階段，常有飼主反應「愛鳥突然與人保持距離」、「變得不喜歡撒嬌」。飼主不必擔心，這是鸚鵡心理成長必經的過程，表示愛鳥長大了。

出生後半年～1年

鸚鵡第一次換毛結束，身體也變大，標準成鳥模樣。鳥類的一歲相當於人類的二十五歲，正是適婚期，開始會向其他鸚鵡或人類示愛。

5～10歲

壯年期階段。年輕時候個性頑皮的鳥，這時候會變得穩重。雖然生理開始老化，但是幾乎沒有自覺。

14～16歲

能活到這個階段，算是長壽鸚鵡了。這時候可能會因白內障而失明，腳力和飛翔能力也會變差，而且大半時間都在睡覺，多數鳥類會因為老化的關係影響到日常生活。

鸚鵡也會暈車

　　沒有真的遇過，很難讓人相信鸚鵡會暈車。其實，包括鸚鵡在內的所有鳥類幾乎都會暈車。

　　一直很健康，沒生過病的鸚鵡只要一上車，就會搖頭晃腦，開始嘔吐，把飼主嚇得不知所措。因為飼主壓根沒想到鸚鵡會「暈車」。

　　其實會暈車的狗或貓也為數不少。就算平常很健康，如果身體不適，搭車一定會暈車。

　　鳥或貓平常都會到處飛或從高處跳下來，這些純屬於自發性動作，從祖先那一代開始就很習慣這些動作，牠們掌管平衡能力的三半規管對於這些動作的振動可以全然接受。

　　可是，汽車或電車等的振動，屬於機械式振動，鸚鵡完全不習慣，不曉得該如何因應，尤其是三半規管能力不佳的個體，完全無法承受這樣的衝擊，於是就暈車了。

　　被人類馴養後，鸚鵡或許會認為搭車是件危險的事。

後記
飼養鸚鵡的重要生活事項

　　希望鸚鵡活得快樂長壽，最重要的就是要有「愛心」。不過，在你投注愛意的同時，也要保持適當的距離，不能過度放任。給予正確的愛，愛鳥才可以長壽、快樂。

　　希望愛鳥能與你長久相伴，平常就要多加觀察，了解其特性、狀況、行為模式。愈了解對方，只要對方有些微變化或異常，就可以馬上察覺。當發現愛鳥出現病徵或情緒不穩時，要趕緊面對問題並加以解決。只有這麼做，才能和鸚鵡長久相伴。

　　跟鸚鵡相處時，要保持適當距離，尊重愛鳥的個性。就算愛鳥老想到外面玩或向人類撒嬌，也不能全部如其所願。一定要嚴守規定，不能踰矩。要為愛鳥安排行程，在規定的時間內才放牠出來，讓愛鳥知道守規矩的原則。絕對不能因為飼主想跟牠玩就犯規，這麼做對愛鳥沒有絲毫好處。

　　不能強迫愛鳥照飼主的意志行事。牠也是生物，有自己的想法，強迫牠只會讓牠有壓力。當愛鳥有壓力，就會影響身體或精神狀況。尤其是年幼的鸚鵡，一定要了解其個性，適性飼育與教育。

 追記

　　一次養好幾隻鸚鵡當然好處多，可是，如果只有你自己一位在照顧牠們的話，就不可能養太多鸚鵡。超過極限的話，就很難照顧好每隻鸚鵡。當愛鳥身體或精神方面出現異常時，常會發現得太晚，導致問題加重。所以，不要隨便增加飼養的數目。此外，有的鳥種本來就無法融洽相處，若是打算多飼養幾

隻鸚鵡的話，事前最好詳細調查，避免無謂的問題發生。

想飼養鸚鵡，必須牢記的事

1 平常要多觀察。

2 尊重鸚鵡個性。

3 不能太放縱。
彼此要保持適當距離。

4 要有愛心。不過，
不能把牠當成人類
或小孩看待。

索引

國家圖書館出版品預行編目資料

最想知道的鸚鵡心理學：摸透鸚鵡心裡的小祕密，愛上
　有淘氣鸚鵡陪伴的小幸福！/ 細川博昭著；黃瓊仙譯．
　-- 初版 . -- 臺中市：晨星，2014.03
　面；　公分 . -- (寵物館；24)
　ISBN 978-986-177-820-4(平裝)

1. 鸚鵡 2. 寵物飼養 3. 動物心理學

437.79　　　　　　　　　　　　　　　103000735

寵物館 24

最想知道的鸚鵡心理學
摸透鸚鵡心裡的小祕密，愛上有淘氣鸚鵡陪伴的小幸福！

作者	細 川 博 昭
譯者	黃 瓊 仙
編輯	李 俊 翰
排版	曾 麗 香
封面設計	萬 勝 安
校對	陳 庠 穎

創辦人　陳銘民
發行所　晨星出版有限公司
　　　　台中市407工業30路1號1樓
　　　　TEL:(04)23595820　FAX:(04)23597123
　　　　行政院新聞局局版台業字第2500號
法律顧問　陳思成律師
初版　西元 2014 年 03 月 31 日
再版　西元 2020 年 03 月 01 日（三刷）

總經銷　知己圖書股份有限公司
　　　　台北市106辛亥路一段30號9樓
　　　　TEL：（02）23672044／23672047　FAX：（02）23635741
　　　　台中市407工業30路1號1樓
　　　　TEL：（04）23595819 FAX：（04）23595493
　　　　E-mail：service@morningstar.com.tw
　　　　網路書店 http://www.morningstar.com.tw
郵政劃撥　15060393（知己圖書股份有限公司）
讀者專線　02-23672044
印刷　上好印刷股份有限公司

定價290元

ISBN 978-986-177-820-4

INKO NO SHINRI GA WAKARUHON
©HIROAKI HOSOKAWA 2011
Originally Published in Japan in 2011 by SEIBUNDO SHINKOSHA PUBLISHING
CO., LTD.
Chinese translation rights arranged through TOHAN CORPORATION, TOKYO.,
And Future View Technology Ltd.

以下資料或許太過繁瑣，但卻是我們了解您的唯一途徑

誠摯期待能與您在下一本書中相逢，讓我們一起從閱讀中尋找樂趣吧！

姓名：_____ 性別：□ 男　□ 女　生日：　　／　　／

教育程度：_____

職業：□ 學生　　　　□ 教師　　　　□ 內勤職員　　□ 家庭主婦
　　　□ SOHO 族　　□ 企業主管　　□ 服務業　　　□ 製造業
　　　□ 醫藥護理　　□ 軍警　　　　□ 資訊業　　　□ 銷售業務
　　　□ 其他 _____

E-mail：_____ 聯絡電話：_____

聯絡地址：□□□_____

購買書名：最想知道的鸚鵡心理學

‧本書中最吸引您的是哪一篇文章或哪一段話呢？ _____

‧誘使您購買此書的原因？

□ 於 _____ 書店尋找新知時　□ 看 _____ 報時瞄到　□ 受海報或文案吸引
□ 翻閱 _____ 雜誌時　□ 親朋好友拍胸脯保證　□ _____ 電台 DJ 熱情推薦
□ 其他編輯萬萬想不到的過程：_____

‧對於本書的評分？（請填代號：1. 很滿意 2. OK 啦！ 3. 尚可 4. 需改進）

封面設計 _____　版面編排 _____　內容 _____　文／譯筆 _____

‧美好的事物、聲音或影像都很吸引人，但究竟是怎樣的書最能吸引您呢？

□ 價格殺紅眼的書　□ 內容符合需求　□ 贈品大碗又滿意　□ 我誓死效忠此作者
□ 晨星出版，必屬佳作！　□ 千里相逢，即是有緣　□ 其他原因，請務必告訴我們！

_____

‧您與眾不同的閱讀品味，也請務必與我們分享：

□ 哲學　　　　□ 心理學　　□ 宗教　　　□ 自然生態　□ 流行趨勢　□ 醫療保健
□ 財經企管　□ 史地　　　□ 傳記　　　□ 文學　　　□ 散文　　　□ 原住民
□ 小說　　　　□ 親子叢書　□ 休閒旅遊　□ 其他 _____

以上問題想必耗去您不少心力，為免這份心血白費

請務必將此回函郵寄回本社，或傳真至（04）2355-0581，感謝！

若行有餘力，也請不吝賜教，好讓我們可以出版更多更好的書！

‧其他意見：

晨星出版有限公司 編輯群，感謝您！

407
台中市工業區30路1號

晨星出版有限公司

寵物館

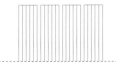

更方便的購書方式：

(1) 網站：http://www.morningstar.com.tw
(2) 郵政劃撥　帳號：15060393
　　　　　戶名：知己圖書股份有限公司
　　請於通信欄中註明欲購買之書名及數量
(3) 電話訂購：如為大量團購可直接撥客服專線洽詢

◎ 如需詳細書目可上網查詢或來電索取。
◎ 客服專線：02-23672044　傳真：02-23635741
◎ 客戶信箱：service@morningstar.com.tw